Idea man

Idea man

Ideaman

Ideaman

仕事が変わる!「アゲる」質問

關鍵提問

前日本英特爾本部長
板越正彥◎著　李貞慧◎譯

英特爾全球前0.5%
菁英的終極提問術!

「生產力低迷不振。」

「下屬工作速度太慢。」

「團隊士氣低落。」

有一種方法叫「加油提問」，可以解決上述所有煩惱。

加油提問就是以下五大提問：

①當機立斷法；

②假設突破法；

③貫徹力強化法；

④深挖原因法；

⑤幹勁開關發現法。

……想知道是什麼嗎？

請繼續讀下去。

前言——一句話就能提升士氣和幹勁的「加油提問」

「功課寫完了嗎？」

大家小時候一定都聽過這句話。

你是不是也有這種經驗？原本心情很好，卻在聽到這句話後，心情瞬間盪到谷底？

就算原本打算「等一下就來寫」，這下子也完全提不起勁來。

因為這是典型的「掃興提問」。

提問有兩種——「加油提問」和「掃興提問」。

每天你會問別人很多問題，也會被別人問很多問題。或許你每天也常在心中嘟囔著「真掃興」、「一點兒也提不起勁來」。

只要一句話就能提升士氣和幹勁，甚至改善工作生產力和速度，我把這種提問方式稱為「加油提問」。

反之，一句話就讓人喪失幹勁和士氣，拖累生產力和速度，這種提問方式就稱為「掃興提問」。

那麼小時候常聽到的那句話，為什麼會讓人喪失幹勁呢？這是因為那句話內含強制和批評的語意，正中人要害。

如果改問以下這句話呢？

「今天有什麼功課呢？」

如果是這樣一句話，就可以把孩子的注意力導向功課，而且不含強制和批評的語意，只傳達出關心，應該就不會影響到孩子的幹勁了吧。

接著不要急著追問「那你什麼時候要寫功課？」而是問他「功課寫完後你想做什麼？」把孩子的注意力導向未來，這麼一來孩子應該就會主動去書桌寫功課了。

只要改變提問方法，就可以得到截然不同的效果。

前面是小孩子的例子。不過你身邊的上司、同事、朋友，是不是有些人只要跟他在一起，你就很快樂，變得很積極呢？

那些人說不定很自然地用了「加油提問」法。

最近體育界爆發了職權騷擾問題。

職權騷擾的現場常常使用一連串的「掃興問題」。

「你到底想不想幹啊？」

「你是不是缺乏幹勁啊？」

「你乾脆放棄吧？」

被人家這麼說，反而會不甘心而振奮起來，這是古代的做法了。現在連美軍都已經著手改變這種用言詞把人逼到極限的訓練方式了。

泡沫經濟破滅後，越來越多企業發現打是情罵是愛的人才培育方式已經行不通，紛紛導入教練（Coaching）方式。

然而即使參加教練和下屬指導講座，努力讀書，好像成效都不怎麼樣。**問題可能就出在提問方式**。

雖然知道要用提問的形式，但如果只是用批評或質問的方式，反而只是把對方逼到死胡同。不知不覺中採用了「掃興提問」，反而壞了對方的幹勁和士氣。

其實過去我也是這樣打擊下屬信心。

我在英特爾工作二十一年，最後還升任本部長。

當時的我自我感覺良好，覺得自己無所不能，老是用「掃興提問」把下屬逼入死角。結果在下屬指導方面，我得到最差的評價，差點就要捲舖蓋走路。

生死存亡關頭，教練制度救了我一命。

我學習了美國經理人必學的教練技巧，改變自己的態度，終於重新贏回下屬信任。

不過教練技巧用到很多提問，需要花很多時間才能全部記住並運用得宜。而且我也發現到教練時常提問如「你覺得如何？」、「你想怎麼做？」，用得太多也會讓現在的年輕人感到壓力，把他們逼入死角。

所以我自己把這些提問濃縮成五種，也就是本書將介紹的五大提問：

①當機立斷法；
②假設突破法；
③貫徹力強化法；
④深挖原因法；
⑤幹勁開關發現法。

只要活用這五大提問，就可以提升下屬的士氣和幹勁，甚至是工作生產力。

一句話不只可以改變心情，甚至還能改變工作效率，聽來實在很不可思議。如果你也有這種想法，請務必試試「加油提問」，一定可以親身體會到驚人的效果。

「加油提問」還可以用在自己身上。

當你覺得坐立難安，無法投入工作時，請試著對自己提出「加油提問」。說不定可以因此變得積極正向，一掃眼前的烏雲，找出解決對策。

希望本書能成為解決大家煩惱的助力，解決你無法順利指導下屬、團隊無法齊心協力、自己無法成長的煩惱。

在進入正題前，讓我再問大家一個問題：

「讀了本書，你的未來有了什麼改變？」

我希望讀者們讀完本書後，都能找到這個問題的答案，勇往直前。

第1章　什麼是能大幅提升生產力、速度、士氣的「加油提問」？

目錄 CONTENTS

第2章 讓人起而行的提問「五大原則」

第3章

提高生產力的提問「四大步驟」

第4章 加油提問的「五大技術」

第5章 激勵自己的提問——「自我教練」

第1章

什麼是能大幅提升生產力、速度、士氣的「加油提問」？

最佳手法是「加油提問×教練」

我遇過許多主管感嘆「自己的下屬不積極主動」。

每次聽到他們的抱怨，我都會想下屬是「真的不主動」，還是「你讓下屬不願意主動」（想主動也動不了）？

我想每位上司為了引導下屬工作，都嘗試過各種方法，像是提供建議、關心進度、不想稱讚也要稱讚下屬、努力提升士氣等等。說不定還有很多人努力讀書或參加講座，學習指導下屬的方法。

然而即使如此，還是很難讓下屬動起來。

所以必須要「教練」（Coaching）。

所謂教練，就是「向對方提問，讓他自己找出答案」的人才培育方法。不過提問不是一件簡單的事。有時提問無法打中人心，甚至有時還可能把對方逼入絕境。

長久以來我教練過許多人，也一直在思考提問失敗的原因。

最終我發現問題出在「提問方法」。

所以我結合自身經驗與知識，終於想出不分人時地皆適用的方法。

也就是**「加油提問×教練」**。

「加油提問」是劃時代的提問方法，可以提升工作生產力、速度、幹勁和士氣。

第四章將詳細說明，不過其實只要學會提問五大技術，應該就可以讓過去消極被動的下屬動起來。

在學習提問五大技術前，大家必須先知道提問分成「加油提問」和「掃興提問」兩種。

舉個例子來說，假設明天必須用到的會議資料都還沒做好，下屬卻先做了明明不急的出差報告，此時你會怎麼跟下屬說？

①「出差報告晚點再交也沒關係，先做會議資料！你連這種事也不懂嗎？」

②「你為什麼先做出差報告呢？先做會議資料不是比較好嗎？」

③「你覺得現在對團隊來說，最有貢獻的作業是哪一項？」

①根本沒有討論的必要，這種說法甚至可能被下屬認為是職權騷擾。我想現代應該很少人會這麼說了吧。

乍看之下②好像沒什麼問題，但這是典型的「掃興提問」。「掃興提問」會降低對方的生產力，影響士氣甚至工作品質。這是會起負面作用的提問方式。

近來主管教育常提到不能劈頭大罵下屬，要用提問方式溝通。這種教練手法越來越普及。

可是很多人在提問時，用的卻是這種「掃興提問」。雖然是提問，卻充斥否定和批評的意味，而且上司還連答案都說出來了。這就是「反正先教練再說」的常見模式。

③才是「加油提問」。

上司不提供答案，讓下屬自己想。這是關鍵所在。如果不能自己想，進而付諸行動，就無法提升生產力。

而且使用「最有貢獻」這種正面表現方式，還可以排除否定的語感。

如果換成「現在團隊最需要哪一項作業？」的說法，就會給人趕鴨子上架的感覺。

只要稍微改變表現方式，就可以變成讓下屬動起來的有力提問。

今後上司的角色就是有目的意識地對下屬提出有效的提問，以提高工作生產力。如此一來，自然能用最快的速度取得成果。

POINT

提問分成「加油提問」和「掃興提問」兩種。

不知不覺中一直使用「掃興提問」

「我一直都會對下屬提問啊！」

很多人這麼說。不過大多數人的提問其實都是「掃興提問」。

「為什麼會失敗？」

「你連這種事都不懂嗎？」

很多人不自覺地使用這種「掃興提問」，一次又一次地打擊下屬的幹勁。

「掃興提問」有一些特徵。

也就是雖然說者無意，聽者卻覺得「被罵了」、「被批評了」、「被看扁了」。

現今的年輕領導人和我們那一代不同，大多是溫柔體貼對方心情的人。

不過反而就是因為太想知道對方的心情，才會說出「掃興提問」。

因為想了解詳情，就接二連三地問對方：

「你為什麼這麼做呢？」

「你覺得這樣就行了嗎？」

結果反而讓對方覺得好像自己做了壞事在接受審問。這麼一來下屬就會退縮不前，久而久之就不會自主行動了。

其實此時只要改變提問方法，就可以提升對方的幹勁和士氣。

大家可能很難相信只是改變提問方法，就可以讓下屬自動自發吧。

我在英特爾工作時，原本是「掃興提問」大王。不過後來我靠著「加油提問」，成功地大幅提升團隊生產力。

很多企業為了提升生產力，做了很多改革嘗試，如導入最新系統、縮減開會時間等。

這些改革當然重要，可是我希望大家都知道在這些改革之前，其實只要用「加油提問」進行教練，就可以提升生產力。

我認為接下來的時代最需要的是「母親型領導人」。

我在英特爾工作時扮演的是「父親型領導人」。當時我認為只要帶領下屬，讓他們看著我工作的背影，他們自然會跟上來。

所以我常對他們說「這種小事自己想！」、「優秀的人考績自然好，其他人自己想辦法努力！」，冷漠地推開下屬求援的手。

當時我常大聲咆哮：「你為什麼這樣做！」根本就是魔鬼上司，下屬也天天看著我的臉色坐立難安。

然而現今社會已經不需要這種用恐懼支配下屬的父親型領導人了。如果把當時的我放在現今社會，毫無疑問一定會引發職權騷擾風暴。

相對地，母親型領導人的特色就是溫柔體貼，能適時向對方伸出援手。

如果下屬看來沒有精神，就會關心地問問「你哪裡不舒服嗎？」，如果下屬因為工作煩惱不已，也會問問「有什麼問題嗎？」，母親型領導人的任務，就是無微不至的後援。

換言之，**現代需要的領導人是在後面推一把的支持者，而不是在前方拉犁的耕牛。**

我這種泡沫經濟世代的人很難成為母親型領導人，但相對來說，二、三十歲的年輕人就比較懂得體貼他人，所以我想應該很適合扮演母親型領導人。

母親型領導人最大的好處就是不用花太多力氣。

過去我幾乎每天都在公司大吼大叫，很花體力，而且越吼叫，我自己的壓力就越大。

為了排解壓力，我幾乎每晚都自以為了不起地去喝酒、說教、炫耀自己過去的豐功偉業，又花錢又傷身心。

母親型領導人則是支援、引導的角色，不會耗損自己。因此可以專注在自己的工作上，**應該也不會累積壓力，可說是符合現代，既環保、性價比又高的優秀指導法。**

不過也不能因此成為一味寵溺，保護過頭的母親。

如果大小事都伸出援手，下屬就只會等待指示，一切靠上司。上司如果管太多，當下屬未能依上司想法行動時，上司可能就會怪下屬「為什麼不照我說的做！」

這種時候，「加油提問」就可以用來維持恰到好處的距離感。

採用「加油提問」的方式，對方會感受到你的關心，自然會對你敞開心房。

團隊生產力低落大多是因為溝通不足，只要平常就運用「加油提問」，工作自然有效率。

再者提問可以讓對方思考答案，上司就不會陷入保護過頭的窘境。

上司只要維持恰到好處的距離，支援在前方衝刺的下屬就夠了。

「加油提問」也可以用在自己身上。

當自己的工作生產力低落或士氣不振時，只要對自己提出「加油提問」，心情應該會變好，也可以提升幹勁。

此外，一說到父親型、母親型，有人就會說「我家是媽媽比較兇」、「我爸爸可是很溫柔的」，請大家不要糾結在這種細節上。

POINT

不要用「掃興提問」，目標是成為母親型領導人。

原本很不會提問的英特爾菁英本部長

現在我很擅長「加油提問」，但過去我可是「掃興提問大王」。不但很不會問問題，甚至還老是用「掃興提問」打擊下屬信心，把他們逼到死角。

我在英特爾服務二十一年，待過很多部門。最慘的時候就是在日本本社升任本部長時。

當時我有十位直屬下屬，帶的人不算多，但每個人都很有個性，一堆高學歷的美國留學海歸派，和有專業知識、自尊心又很高的人，大家都很有主見，而且不聽別人的想法。

我雖然是他們的上司，但他們完全不聽我的意見，想怎麼做就怎麼做，所以每天辦公室內都是雞飛狗跳的混亂場面。

一開始我也閱讀《PRESIDENT》和《日經BUSINESS》等商管書刊，努力想當個好上司。為了讓下屬了解我的想法，我還會多次說明，努力實踐讚美式人材培育法。

可是下屬卻一點兒也沒變，又做不出成果。

所以我就決定用我自己的方法去做了。

對於教了好幾次還是不會的下屬，我就責怪他：「我教過好幾次了吧？你連這種事都不懂？」

當下屬無法達成目標時，我也會質問他：「為什麼沒達成目標？原因是什麼？」

沒錯，這些都是「掃興提問」。整個團隊因此一直處在一觸即發的緊繃氣氛中，但我卻誤以為這樣的氣氛是好的。

甚至當下屬寫出不好的企畫書時，我會當著他的面把企畫書撕掉，「這種企畫書不行，根本看不懂。重寫！」現在想起來，當時我真的是很差勁的上司。

其實當時的部門業績不僅沒有下滑，反而還大幅成長。上司也稱讚我，讓我得意忘形，還以為自己做得很對。

然而在三百六十度績效評估時，下屬給我的評價卻完全不是那麼一回事。

「根本不聽別人說。」

「報告時他沒有任何反應，我還以為自己是對著電視講話。」

「我不想跟他一起去南極。」

看到這些評語，我感到血色從自己的臉上一點一滴地消失。

不想一起去南極表示我是完全不值得信賴的人，是最討人厭的人。我完全沒想到下屬竟然這麼討厭我。

因為工作很順利，我不再謙虛地反省、否定自己。

如果持續同樣的指導方式，一年後部門業績大概就會慘跌，然後我就會被炒魷魚了吧。因為**恐怖政治最多只能適用一年左右**。下屬大概會陸續辭職，最終影響業務運作。

所以我深刻反省後，決定去上教練課程，試著改變和下屬溝通的方法。

結果一年後，下屬對我的評價就大不相同了。

在和下屬溝通時，我最注意的是提問的方法。

原本對犯錯的下屬，我會質問他：「為什麼會失敗？」當事人被我這麼一問，也覺得很委屈，「又不是我自己想失敗的……」，最終失去幹勁，影響士氣。

重點不在於追究失敗的原因，而在於避免重蹈覆轍。

「如果再挑戰一次，你會怎麼做？」

我改問這個問題，下屬因此會自行思考並實行解決對策。

那個時候我其實也感觸頗深，「只不過換了一種問法，下屬竟能變得這麼自動自發」、「過去我幹嘛那麼死命地說服下屬，還生那麼大的氣啊」。這也表示過去我的指導方式，真的很缺乏生產力。

提升生產力的提問方法，乍聽之下好像很難，其實並非如此。

我會介紹過去自己實踐過的內容當中，最有效的提問方法。只要大家將之修改成適合自己的版本並加以實踐，一定也可以大幅提升自己和下屬的生產力。

POINT

要問「下次如何避免」，而不是「為什麼會失敗？」

提問技術將大幅改變工作生產力

我在英特爾工作時去上了教練課程，當時的講師這麼對我說：

「成為領導人就必須演戲。板越先生，你要成為一位演員。就算不是真心認可下屬，你只要演出來就好。」

講師的話讓我恍然大悟。

過去當下屬的工作表現不盡如人意時，我都直截了當地把自己真正的想法告訴他們：「這裡只要這樣做，明明就可以更好。」

我以為直接指出下屬做得不好的地方是為了他好，但下屬應該覺得自己被罵被指責了吧，然後一直無法達到我期待的水準。

從結論來說，人是憑感情而不是依邏輯行動。

發現這一點後，我就開始貫徹扮演「上司這個角色」。

領導人的使命就是提升生產力、效率、士氣、幹勁，提問的目的也一樣。

舉例來說，當下屬抱怨工作太多做不完時……

「哪有太多，明明就是你拖拖拉拉才做不完吧？我的工作量是你的兩倍耶！」

就算我心裡這麼想，我也會忍住不說，反而會問他：「為什麼做不完呢？」

我一開始也覺得問這個問題沒有用，下屬應該只會找一堆藉口，不會有任何改變。

事實上下屬也這麼回答了：「為什麼？因為工作太多了。」

所以我又接著問他：「如果要如期完成工作，該怎麼做才好呢？」

下屬就開始思考了。

「A公司的提案書如果可以延到下週再交，或許就趕得出來了……」
「延到下週也行。只要來得及在下週開會前提出就好。」
「好的。這樣我會輕鬆很多。」
「其他的工作來得及嗎？」
「來得及。」

這樣溝通後，下屬那一週就如期完成工作了。

過去的溝通方式都是「那件工作呢？」→「還沒做好。」→「為什麼還沒做好！」溝通過程常常火花四濺。改成這種提問溝通方式後，我和下屬之間的人際關係慢慢獲得改善，工作氣氛也變好了。

我就是在此時親身體會到「加油提問×教練」的效果。

反覆問「為什麼」「如何」，可以找出妨礙工作生產力的真正原因。我把這種方式命名為「深挖原因法」（參閱第四章）。

以這位下屬為例，真正的原因不是工作量太大，而是他做事的方法有問題。他無法正確判斷事情的輕重緩急。

對於這樣的人，就算直接指出他的盲點，「其實不是時間不夠，是不是你不太會分輕重緩急？」也只會引來他的反彈，不會有任何改變吧。因為這是「掃興提問」。

與其給答案，不如讓他自己去思考答案，讓他服氣後他才會付諸行動。「加油提問」讓我發現到這一點。

而且人一旦決定要去做什麼事，就會一以貫之想做到最後。這種特性在心理學和行銷學領域，就稱為「得寸進尺法」（Foot-in-the-door technique）。

因為是自己決定只要延後交A公司提案書，其他工作就來得及，所以一定會想辦法在期限內完成。

與其上司管東管西，這是更能讓下屬動起來的方法。

而且如果我指示下屬如何做，我就會對下屬有所期待。當結果不如預期時，我的失望會讓怒氣倍增。

不指示，事情也往好的方向發展了，所以自己也不會累積壓力。而且生氣的時間變少，結果也順帶提升了自己的工作生產力，這是始料未及的效果。

「加油提問×教練」一定可以提升自己和團隊的生產力，讓大家心情愉悅地工作。

POINT

要有「扮演上司這個角色」的意識。

提問成為突破「自以為是」的契機

人有思考的習慣。

「我做什麼都不會成功」、「不受歡迎是因為我顏值不佳」。像這種先入為主和鑽牛角尖的想法，就是影響生產力的原因之一。

只要有思考的習慣，就會出現自以為是的藩籬，藩籬圈起的範圍越小，越容易陷入停止思考的窘境。

「這件事我不會做。」
←
「所以怎麼做都沒用。」

如此這般思考範圍越狹隘的人，通常心態就越負面。

這種狀態下怎麼說教都不會有效果。

如果是我，我會問思考範圍狹隘的人：「你為什麼覺得自己不會做？」

不會做也有各種原因。

不管各種原因都一視同仁的話，無法解決任何問題，只會停在停止思考的狀態下。

所以要先對不會做的原因進行因式分解，抽絲剝繭。

假設對方回答：「我學得很慢……」

此時就進一步提問：

「其實只要給你時間就可以學會吧。和半年前相比，這些那些你已經都學會了啊。所以你覺得怎麼做才能讓自己更快學會呢？」

這麼一來對方就會去想方法，如「常看筆記」、「多做幾次、多模擬幾次」等，什麼方法都好。

重點是讓過去一直以為沒救了的人，停止這種思考模式，發現其實還是有方法可以解決。

「這件事我不會做。」

↓

「我學得很慢。」

↓

「可是只要給我時間，我就可以學會。」

↓

「所以我只要縮短學習時間就好。」

↓

「我多看幾次筆記吧！」

只要打破自以為是的藩籬，就可以產生海闊天空的發想。

而且可以成就「不是別人叫我做的，是我自己說要做的，所以只能衝了！」的狀況。

這麼一來不論成敗，都可以有積極的心態。

自以為是的藩籬不只會出現在工作不順時，也容易出現在累積成功體驗後。

其實一切順利時形成的自以為是的藩籬才難以打破。

「這個做法絕對沒錯。」

「只要照著過去的做法去做，一定沒問題。」

這種想法和自信綁在一起，不是那麼容易打破的。

即使想說之以理，「時代變了，過去的方法行不通了」，他們也不會接受。

這種時候的有效手段就是「加油提問×教練」。

對於堅信這種做法絕對沒錯的人，可以試著問他以下問題：

「這真的是最好的方法嗎？」

「第二好的方法是什麼？」

聽到這個問題，他心裡也會開始猶豫吧。

「如果有人問我這是不是『最好』的方法，這算是嗎……」

第二個問題則會將他的注意力導向其他方法，自然可以擴大他的思考範圍。只要思考範圍變大，就更容易想到其他點子，也更利於隨機應變，有助於加快工作速度。

如果要改變對方的行動，最好的方法就是先打破自以為是的藩籬。

而且也請試著對自己提出「加油提問」。

當覺得工作好無聊想放棄時，可以試著問自己「做這份工作最快樂的事情是什麼？」

我想大家都曾在工作時有過快樂的體驗，比方說客戶對自己說謝謝、上司稱讚自己很努力、第一次達標等。

想到這些快樂體驗後，就再問自己「怎麼做才能再次達成目標？」

這麼一來原本束縛自己的東西自然消失，應該可以重拾工作幹勁。

POINT

「加油提問」也要用在自己身上。

讓人起而行的提問，突顯出「當下」應該做的事

懶惰是人的天性，所以遇到麻煩或很花時間的工作，就會不自覺地想等一下再去做。

可是這種工作通常都是重要工作。如果下屬不能理解這一點，就可能發生要用時還沒做好的窘境。

比方說交辦時明明跟下屬說「這件事要立刻做」，結果下屬卻很淡然地回覆「還沒做好」。這種時候真想破口大罵。

而且不由得很想問他：「對你來說『立刻』到底是多久？三天嗎？」這種「掃

興提問」。

此時請你務必忍住，試著提出加油提問吧。

「如果現在只有三十分鐘，你要從哪件事開始著手？」

我稱這種方法為「當機立斷法」，也就是設下限制條件，讓對方去選擇現在應該做的事（參閱第四章）。

對於習慣拖延工作的人，就算跟他說「立刻」「快點」「儘快」，他還是會拖延，結果就是「還沒做好」。

給他一個截止時間如「今天下午三點前」，這種做法當然很有效，可是對上司來說，每次都要事先想方設法預防下屬拖延，實在很麻煩。

對下屬來說，每次都有截止時間的壓力，也會覺得自己處於被動的立場。

最好還是讓一個人能自己思考後付諸行動。

因此我們要用「加油提問」讓他養成立刻動手做的習慣。

在交辦工作時，或許可以試著問他：「你打算從哪件事開始做？」假設下屬回答：「我想先去查一下上週主管交辦的資料。」和你的期待不同時，你就可以用以下的加油提問給他限制：

「如果你要在上午把工作完成，現在必須立刻著手做什麼？」

這麼一來下屬應該會在腦海中整理工作，選擇現在必須立刻動手的工作吧。

習慣拖延工作的人，通常看不到工作的全貌，因此「當機立斷法」可以有效發揮作用。

「現在一定要、必須立刻做的事是什麼？」

「眼前最重要的課題是什麼？」

拋出這種「加油提問」，讓對方把眼光投注到「當下」。只要能專注在眼前的工作，自然能提升工作速度。
「加油提問」可不是只有單一效果。

POINT

自在運用當機立斷法，讓人動手做「當下應做的事」。

越不善於溝通的人越適合「加油提問×教練」

常有人說「不善於溝通的人不適合當領導人」，真的是這樣嗎？

很多人苦惱於「沒辦法炒熱氣氛」、「說話不流暢」、「不知該說什麼好」。

我稱這種現象為「不得不傳達症候群」。

會說話和會指導，這完全是兩回事。巧舌如簧的人不一定是一個好領導人。

現代的領導人應該以「照顧人」為目標，不用像連續劇中的上司一樣，用力拉著下屬前進。

以前有位年輕的領導人來找我諮詢，問我「如何讓進公司一年的新人有幹勁？」

她也是不擅長溝通的人，所以很擔心下屬無法成長可能是因為自己的傳達方式有問題。

進公司一年的階段，大概就是一般工作差不多會了，所以容易因為熟悉而怠慢，覺得「這樣就可以了吧」的時期。在這種時間點，她還想得到要給下屬建言以維持士氣，我覺得她真的是一位優秀的領導人。

當時我告訴她：「如果妳不知道怎麼辦才好的話，要不要直接問問那位新人？」

至於該怎麼問，我的建議就是以下的「加油提問」：

「要讓你朝氣蓬勃地工作，什麼是必要的？」

她實際問新人這個問題後，新人的回答如下：

「我想挑戰更高階的工作。」

她因為明確了解新人的想法，同時也知道該如何因應而高興不已。從此以後她就發現與其自己一個人煩惱或到處問人，不如直接問本人最有效。

順帶一提，我稱這種提高幹勁的「加油提問」為「幹勁開關發現法」（參閱第四章）。

士氣低落自然會影響到工作速度和生產力。

如果最近覺得「下屬好像沒什麼精神」、「他是不是對一成不變的工作感到厭煩了？」，建議大家儘早拋出這種「加油提問」。

此外針對已經喪失幹勁的對象，要小心不要多嘴說出不該說的話，如：

「是不是你努力不夠？」

「沒有幹勁是不是因為你太依賴別人了？」

這些話就是標準的「掃興提問」，只要一句就足以讓人心灰意冷。

不過像「這不像是平常的你會做的事啊」、「你應該可以做得更好才是」這種鼓勵的話，當對方關閉心房時，說了也是白說。

最好的方法還是讓當事人自己找出可以振奮自己心情的答案。

讓對方真的起而行，才算得上是好建議。

為了讓對方起而行，其實只要拋出一個又一個的提問即可，不需要很多會話。提問方也不需要事先模擬答案，也不需要高超的話術。這樣的話口才不好的人，不就也有自信能當領導人了嗎？

此外，提振士氣的提問不光用在下屬有問題時，我希望大家也能運用在下屬做出好成績時。

做出好成績時會帶來自信，士氣高漲，此時就要運用加油提問留住信心與士氣。

在一家我舉辦教練課程的新創企業中，有一位新人苦於電話約訪老是失敗。第一次終於電話約訪成功時，他非常高興地來跟我報告。

當時我問他：「你覺得這次約訪為什麼會成功？」結果他說：「我很意外自己能有自信地跟健談的人說那麼多。」

我再接著問他：「那你覺得如何才能讓自己更有自信？」

「我應該更進一步充實商品知識。」

「可能要看對象改變傳達的方法。」

所以他開始自己思考，從成功經驗開始精益求精。

善用「加油提問×教練」，下屬自然會靠著自己的力量越走越遠。

只要記住第四章提到的五大技術即可，所以也不用為了「想順利指導下屬」而去上溝通課程。

順帶一提。前面那位新人原本非常苦惱電話約訪不到人，現在則是如魚得水，每次都會來跟我報告他的成果。

POINT

提問以促進本人自主振奮士氣。

「加油提問」讓問題可視化

你身旁是不是有人老犯同樣的錯？這種人就是所謂的錯誤常客。我想每個職場都有兩、三位這種人吧。

碰到這種人，大家最常用的「掃興提問」就是「你為什麼老犯一樣的錯？你做事之前真的有用大腦想過嗎？」

這句話不論怎麼說，破壞力都很驚人。即使把句尾改成「老犯一樣的錯呢？」，一樣是一句窮追猛打的質問。在我學會「加油提問」之前，我也用這種「掃興提問」打擊了許多下屬。

之所以會重複犯一樣的錯，是因為看不到真正的問題所在。

就算自以為已經很小心了，但忙起來還是漏了該做的事，或是被人指正卻未正視……原因千百種，但都可以透過「加油提問」改善事態。

舉例來說，寄給顧客的電郵中錯誤百出。

大家都曾寄出電郵後，才發現弄錯對方姓名或公司名稱、忘了加上附件、寄錯人等。

如果立刻發現錯誤，馬上再寄一封電郵向對方道歉，通常就可以大事化小小事化無，可是如果老犯這種錯，就可能讓人覺得「這個人可能不夠專心吧」，而喪失對方的信任。

而且有時寄的還是事關公司機密的電郵，當然是越早補救越好。

此時如果是我，我會問他：「你覺得寄送電郵時，最重要的事是什麼？」

這就是加油提問中的「當機立斷法」。

我想大部分寄電郵常出錯的人，寄出前都沒有再檢查一次。

假設對方回答：「我想立刻回覆不要拖延比較好，所以馬上就寄出了。」我就會進一步詢問：「工作時速度和正確性，你覺得哪個比較重要？哪個才能獲得顧客信賴？」

甚至我還會問他：「你覺得怎麼做可以減少錯誤？」讓本人自己想出方法，錯誤自然會減少。

對策不一定要面面俱到，像是寄出前印出來檢查、再檢查一次日期時間和姓名等都可以。

只要試著執行自己想出來的對策，慢慢提高發現錯誤的機率即可。

錯誤減少，作業效率一定隨之提升，生產力也因此獲得改善。

當然減少電郵錯誤的方法還有很多，像是寄出前先請上司或周遭的人幫忙檢查，或者暫時存在草稿匣，過段時間再重新看一次然後寄出等。提升生產力有各式各樣的方法。

為了避免資訊外洩，有時也不得不由上司親自提出解決對策。

即使如此，提出根本問題如「工作時速度和正確性，你覺得哪個比較重要？」，讓下屬養成平常就自行思考的習慣，這種做法還是很有意義的。

如此這般反覆提出「加油提問」，可將原本看不清的問題可視化。

即使是因為個性問題，總是一個口令一個動作的人，「加油提問」有時也可以找出真正的問題所在，如「其實是因為工作量太大，早已超出負荷」、「工作流程根本沒有標準化，因人而異」等。

此外組合幾種方法如「深挖原因法×當機立斷法」等，也可以得到很好的效果，請大家自由組合運用。

POINT

「加油提問」還可以提供問題的解決方法。

「加油提問」改變交辦工作的方法

其實上司並沒有自以為地那麼了解下屬。

我之所以發現這一點，要歸功於英特爾時代學的教練課程。

過去我跟下屬的溝通方式，就是命令下屬「去做這個，去做那個」，下屬做不到時就開罵，屬於單向溝通。

下屬整理的資料如果不合我意，過去我就直接告訴下屬「不行，重做」。有一次我試著這麼問下屬：

「編製資料時，你覺得最辛苦的地方是？」

下屬心中雖然滿滿問號，還是回答：「我根本不知道要編成什麼樣的資料才好……」

聽到這個回答，我內心十分驚訝，「什麼？原來你從那裡開始就沒搞懂？」

想想也是。編製資料的方法，會因為這份資料的用途是要交給顧客、要拿來簡報、要在會議中取得高層許可等而異。即使是同一個企畫案，頁數、重點也會有所不同。

我知道這是理所當然的事。但一直到那時，我才發現我必須事先告知下屬資料的用途。

不斷地重做只是浪費時間。

這也是生產力低落的原因之一。

為了避免浪費時間，在交辦工作的同時，只要多問一句：「你想從哪裡著手？」**就可以知道對方是否理解指示的內容。**

當然你也可以問對方：「剛剛的說明有沒有不清楚的地方？」不過當人處於連自己什麼地方不清楚都不知道的狀態時，聽到這個問題也只會回答「沒有」吧。

而且自尊心較高的人也只會說「沒有不清楚的地方」，所以我發現這個問題必須看人問。

不過如果問的是行動，「你想從哪裡著手？」對方就會去思考必要的步驟，然後回答「先分析市場，接下來調查競爭對手狀況……」

回答時也順帶整理出作業步驟。

不知道要做什麼的人應該就回答不出來了。

此時上司只要教他應該做什麼即可。

針對回答得出「你想從哪裡著手？」的人，就進一步問他：「那項作業什麼時候可以做好？」他自然就會去分配作業時間。

只要拋出這兩個問題，就可以減少重做的次數，在截止日前把工作完成，加快工作速度。這就是「加油提問」的效果。

之後編製資料時，只要修改不合己意的細節即可，自己也比較輕鬆。

在我開始採用這種方法和下屬溝通後，我才發現自己根本沒有自以為地了解下屬，而且自己下的指示實在有夠模糊不清。

同時我也發現「下屬其實有在想耶」。

我的結論就是下屬的煩惱和進度落後，大多是因為「不想讓人家覺得自己能力不好」，而不敢發問、諮詢的結果。

POINT

「加油提問×教練」也是深入了解對方的方法。

把「只有」幹勁沒有行動的人化為「行動派」

自己攬著工作不放手的人，也會影響團隊生產力。

雖然責任感強認真工作，但卻因為要求太高無法趕上交期。這種人因為真的很努力工作，旁人也不好意思指正他。

「如果來不及，希望你早點說。」

即使對他這麼說也沒用，因為他覺得自己應該沒問題。可是這種人往往自尊心很高又頑固，如果上司主動指示「你這種速度做不完，讓〇〇來幫你吧」，他馬上就會心灰意冷。

這種人其實很有幹勁，所以要指導這種人時，要小心不影響他的幹勁。

這種人士氣很高，所以需要可以提高作業生產力的提問。

「假設你一個人無法順利做好這項工作，你會拜託誰幫忙？」

這是一個假設性問題，不會傷到他的自尊心。

讓他自己想答案，如「如果我一個人真的無法做完，我想請小林幫忙。因為他做事很快」等，他也比較願意付諸行動。

我把這種加油提問稱為「假設突破法」（參閱第四章）。

改變前提條件，「如果○○的話，你要怎麼辦？」藉此拓展對方的視野。這麼一來就可以找到突破僵局的切入點。

教練時常會用到「換個立場、觀點」的表現方式。立場指的是看事情的態度和角度，觀點則是看事情時著重的重點。

思考事情時是站在自己的立場、顧客的立場、還是上司的立場？就算是同一件事，不同立場的人自然有不同的考量。

「如果你是上司，你會怎麼做？」

「如果你是顧客，你希望公司怎麼做？」

利用提問讓對方站在不同的立場思考，就能有所發現。

攬著工作不放手的人，通常視野都很狹隘，只會站在自己的立場看事情，所以不知道自己給周圍的人帶來多少困擾。

只要能擴大視野，就會考慮到周圍狀況，應該就可以避免工作停在自己手中的狀況吧。為了讓這種人發現工作不是一個人的事，請試著用「加油提問」拓展他的視野。

另外，自己的工作碰到瓶頸時，很有可能也是因為自己的視野太過狹隘。

此時也可以試著改變自己的立場，「如果我是顧客的話？」說不定就能找到突破口。

POINT

用「假設突破法」換個立場思考。

第2章

讓人起而行的提問「五大原則」

「加油提問×教練」的準備

工作時使用「加油提問」很有效，特別是「1on1會議」時，我建議大家務必導入。

所謂「1on1會議」，指的就是上司和下屬的一對一面談。

我之前服務的日本英特爾公司，一成立就導入這種面談制度。這也是美國矽谷企業的主流做法。

近來很多日本企業也紛紛導入這種制度。

一般來說，「1on1會議」大概是一週或兩週一次。一次只要三十分鐘左右即

可。

如果沒有那麼多時間，十分鐘也可以。

1on1最主要的目的，就是站在下屬立場的溝通。

此時上司的心態是「想聽下屬說真心話，建立互信」，相對地下屬的心情大概是「只想安全下莊」吧。

重點就是要想辦法縮短雙方之間的距離。

此時「加油提問」就是很有效的手法。

因為人在高興或興奮的時候容易說出真心話。

而且1on1不需要在會議室這種正式環境中進行。

你可以在共進午餐時，順其自然地問下屬「最近工作還順利嗎？」，也可以利用休息時間和下屬在公園或咖啡廳稍微聊一聊，這樣就很有效了。所以儘量選擇對方容易開口的場所吧。

此外要讓對方卸下心防，開始前一定要先做好準備。

所謂的準備其實也不複雜，重點就是不要對對方有負面想法。**就算不出口批評對方，只要自己心中對對方有負面想法，就會在態度或隻字片語中露出馬腳。這樣的話只會讓對方的心越離越遠。**

當然你不需要勉強自己去喜歡對方，但至少在1on1的時候調整好自己的心情，試著關心對方的為人和生活吧。

實際進行「加油提問×教練」時，事先應做的準備列舉如下：

〈加油提問×教練的事前準備〉

- 調和呼吸。
- 小心不要露出可怕的表情，形成嚴肅的氣氛。
- 不可以翹腳或抱著胳膊。
- 慢慢說，降低音調。
- 微笑！
- 對方說話時要適時回應。

● 想出對方的優點。

做好這些準備就可以開始「加油提問×教練」了。

進行時心中要謹記接下來要說明的「五大原則」。「加油提問」用錯了，就可能會變成「掃興提問」。

每個原則都不困難，可是不小心的話，有時不知不覺就會違反這些原則，所以在熟悉前請大家有意識地遵守這些原則。

POINT

在1on1會議導入「加油提問×教練」。

原則①「七比三」的發言比例

面談時上司必須先開口，這是一般人的印象。

不過在「加油提問×教練」時，原則上上司要扮演聆聽的角色。部門目標等上司想傳達的事，只要在平常的會議中說即可。原則上也不需要給下屬建議。

如果是這樣，為什麼還要進行「加油提問×教練」呢？

這是為了讓對方能自行思考。

使用「加油提問×教練」時，請把這個過程當成是聆聽下屬想法的時間。

所以雙方發言的比例最好是「下屬七：上司三」，「下屬九：上司一」也無妨。

如果比例相反，變成上司說得多，就很容易陷入「上司給我答案」、「上司強迫我接受他的想法」的感覺。

這麼一來就很容易出現「那不是我的想法」，那不是我的真心話的感覺，進而喪失「加油提問」的效果。對方情緒也會低落。

只要聆聽就好很簡單啊……大家一定這麼想吧。

然而實際執行就會發現這還真不容易。

舉例來說，下屬和顧客起爭執，還一直強調自己沒錯時，上司很容易脫口而出「不，話雖如此，可是看看你平常的工作方式……」吧。

此時必須壓抑住自己想這麼說的心情，仔細聆聽對方想說什麼。

當然也不可以打斷對方的話。

也不可以擅自推論「總之，你想說的是不是這樣？」並做出結論。

大前提就是要讓對方用他自己的話說出來，就算技巧笨拙也無妨。

如果是和顧客起爭執又堅稱自己沒錯時，可以聽到一個段落後，試著問他：

「那麼如果可以從頭再來一次，你會做什麼？」**（假設突破法）**

這麼一來對方也會去想一些解決方法，如「我會把和顧客之間的對話白紙黑字寫下來」。

因為是他自己找出來的解答，下次他就會改變自己的行動。

這也正是「加油提問」原本的目的。

這裡要注意的是當對方提出某種解答時，絕對不要否定他的想法。一定要聆聽到最後。

請使用接受對方意見的表現方式，如「那真是一個不錯的點子啊」、「這個想法很有趣耶」、「真不錯！」、「這也是一種方法呢」等。

這麼一來對方會覺得「主管認同我的想法」，慢慢就會撤除心防，願意把自己的想法說出來了。

經驗豐富的上司經常聽到一半，就忍不住開口建議「不，其實不是這樣的」，可是只要露出否定對方意見的端倪，接下來他就不會再說出自己的意見了。

如果下屬找出的答案明顯有問題，就可以用以下的提問，促使本人進一步思考：

「這個想法的優缺點是什麼？」**（深挖原因法）**

這樣本人應該也會發現問題所在。

就算他無法發現問題所在，既然他本人深信那是一個好點子，如果是我就會讓他實際去試一試。

就像上面的說明一樣，「加油提問×教練」時，上司只要在關鍵時拋出「加油提問」即可。

這樣的話是不是就可以用在每週一次的1on1會議中呢？

不過執行時一定要全心全意專注地聽對方的話。

也就是「傾聽」。

聽著聽著其實很容易思緒會飄走，想著「接下來要問什麼呢？」，尤其是對方話很長時還很容易分心，「下一個會議是什麼啊？」，當然更不可以邊聽邊滑手機。

因為對方其實可以感受到你有沒有認真聽。

只要知道你沒有認真聽，他就不會想再說下去，所以為了傳達出「我有在聽你說話喔」的態度，請務必專心面對七比三中七的部分。

而且執行時最重要的關鍵，就是不害怕沉默，給對方思考答案的時間。

「加油提問」有時也會提出一些對方無法立即回答的深奧問題。

對方可能因為煩惱該如何回答才好，沉默十五秒左右，有時沉默時間更長達三十秒左右。

這種時候要耐心地等。

不過等候時如果雙眼直視對方，對方可能會更緊張，覺得「要快點回答才行」，所以等候時可以喝點水，傳達出「我會等你」的態度，對方才能好好去想。

如果因為自己性急而開口，對方的思考會就此中斷，所以一定要小心。

POINT

就算技術拙劣，也要讓他用自己的話說出來。

原則② 區分使用「封閉式」和「開放式」提問

運用加油提問時，關鍵就是要巧妙運用「封閉式（收斂）提問」和「開放式（擴散）提問」。以下分別說明這兩種提問方式。

封閉式（收斂）提問

所謂封閉式提問，就是可以用「是」或「否」來回答的問題：

「今天是星期一嗎？」

「肚子餓嗎？」

「有問題嗎？」

上述問題就是封閉式提問。

這種問題只有一個答案，所以可以分清楚事物的是非黑白。可以有效地確認對方意願、確認事實，或取得對方承諾等。

另一方面也因為答案不是「是」就是「否」，答案一出來會話就終止了，無法拓展對方的思考，這是它的缺點。

「加油提問」中的封閉式提問，可以在確認對方意志和決心時發揮效果。

先用開放式提問帶出下屬的想法或真心話，想出因應對策後，再立刻拋出「那明天可以開始嗎？」、「可以立刻檢查嗎？」等封閉式提問，就可以立刻付諸行動。

不過當急著解決眼前問題時，如果聽到「有沒有問題？」、「你真的覺得這樣好嗎？」這種封閉式提問，被問的人會覺得自己被否定、被質疑，也因此下屬會難以將自己的想法說出口。

此外如果光靠封閉式提問如「本週可以完成嗎？」、「約到對方了嗎？」等管理工作進度，下屬也會變得短視近利。無法考慮到大目標或整體願景，只想著完成眼前工作，下屬永遠無法學會自己思考自己行動。

所以運用「加油提問」時，儘量少用封閉式提問吧。

開放式（擴散）提問

開放式提問則是讓對方自由回答的問題。

先讓對方說出自己的意見和想法，然後針對他的回答再提問，讓他再思考再回答……這樣會話就有來回，可以持續下去。

「你現在在煩什麼？」

「你為什麼會選擇現在這家公司呢？」

「你覺得十年後的自己會是什麼樣子？」

上述問題就是開放式提問。

讓對方自由表達，可以讓他說出自己的想法和真心話。持續有來有往的會話，也有讓下屬深入思考，拓展創意範圍的優點。

缺點則是對方回答要花很多時間，甚至很難回答出來。因此不適合用在沒時間或急著搞清楚狀況時。

「加油提問」主要運用開放式提問。

開放式提問的基本就是「5W1H」。

也就是何時（WHEN）、何地（WHERE）、何人（WHO）、何事（WHAT）、為何（WHY）、如何（HOW）。

不知問什麼好時，請試著運用5W1H提問。有時持續拋出開放式提問，也可能讓談話內容過於發散，無法集中。

此時就利用封閉式提問，讓會話到此結束吧。

加油提問就是5W1H

5W1H是大家都知道的疑問詞。

提問時運用這些疑問詞，可以引導出對方的具體想法或點子。

◆WHY（為何、為什麼）

WHY適合用來確認對方的動機、行動目的、理由等，是「加油提問」中發掘真正原因的「深挖原因法」常用的疑問詞。

藉由這種問題讓下屬深入思考，發現之前自己沒有想到的部分，釐清自己應該做的事，更容易付諸行動。

但有一點一定要小心。運用WHY時常不自覺會用到「為何不能～？」的句型，這種問題可是「掃興提問」。

「為何不能～？」、「為什麼不做呢？」就好像在質問對方。就算言者沒有質問的意思，聽者也會覺得自己被批評了。這麼一來下屬就不會說出自己的意見，甚至好不容易鼓起的勇氣也會消失無形。

所以請大家記住WHY是一個要小心運用的疑問詞。

為了降低否定的語感，可以換個說法，如**「為何不能～？」**→**「你覺得怎麼做才能～？」**、**「你覺得不能的原因是什麼？」**，這樣問題的內容不變，但給人的印象完全不同。

〈問題例〉
「你為什麼選擇那種做法呢？」**（深挖原因法）**
「說到底，為何需要那個製程呢？」**（深挖原因法）**

◆WHAT（何事、什麼樣的）

WHAT則是用來詢問不知道的事物。

藉著問「什麼樣的東西？」、「什麼樣的事？」、「那是什麼？」、「要做什麼？」釐清原本曖昧不明的事物。

在「加油提問」中，也會用在整理內容以確認優先順序時。以下是兩個例子：

「你認為應該先做什麼事？」**（當機立斷法）**

「真的沒有其他方法了嗎？」**（貫徹力強化法）※參閱第四章**

用ＷＨＡＴ提問，下屬可以具體知道該做什麼事，正確行動。

〈問題例〉

「要達成壓倒性的成果，必須有什麼樣的巧思？」**（貫徹力強化法）**

「應該立刻解決的問題是什麼？」**（當機立斷法）**

◆WHEN（何時、什麼時候、什麼時間點）

ＷＨＥＮ用來限定具體時期或時間。這是「加油提問」中的必要問題，以便不浪費時間，在最快的時間點付諸實際行動。

「何時可以開始？」、「何時可以完成？」等，出現想法和結論後，立刻拋出「何時？」的問題，即可設定期限。如果不設定截止日，無法提升工作速度，所以請記得這是「加油提問」結束時會用到的疑問詞。

另外這個疑問詞也可望連接時間和工程以加快速度。以下是兩個例子：

「最快何時可以做出判斷？」（**貫徹力強化法**）

「什麼時間點可以確定？」（**貫徹力強化法**）

不過請注意，太重視速度可能會影響工作品質，或造成過度負擔，所以有時也必須妥善控制。

〈問題例〉

「你最近一次做到，是什麼時候？」（**深挖原因法**）

「什麼時候可以做完？」（**貫徹力強化法**）

◆WHERE（何地、在哪個點、站在什麼立場）

WHERE用來限定場所、區域。

「加油提問」時WHERE搭配WHEN，用「何時」「何地」的問題縮小範圍，下屬就更能想像具體行動，更容易動起來。

此外出狀況時，也可以用這個疑問詞問出更具體的資訊，如「在哪個時間點發生問題？」、「你覺得站在什麼立場最好？」

〈問題例〉

「那是在哪裡得到的資訊？」（**深挖原因法**）

「如果要開始宣傳，你覺得從哪裡開始最好？」（**假設突破法**）

◆WHO（何人）

WHO用來詢問特定人物或群體、有共通特性的人們等。

「加油提問」運用「那件事由誰來做最合適？」的問題，以擬定策略取得好結果。不過如果以人為目標，問「誰該負責？」、「誰沒有做？」等，就變成是質問對方的「掃興提問」。此時可以換成問WHAT，如「你認為失敗的原因是什麼？」讓氣氛不要那麼嚴肅。

不少人是孤軍奮戰，煩惱沒有可以商量的對象，只能自己想辦法解決。此時也可以換個角度發想，「找誰來加入比較有效呢？」，這也是一種「加油提問」。

〈問題例〉

「誰有這種期待？」（**當機立斷法**）

「真正的客層是什麼樣的人？」（**當機立斷法**）

「得到誰的助力最有效？」（**假設突破法**）

◆HOW（如何、怎麼做、如何做）

HOW用來找出具體想法和行動。

「加油提問」不知該問什麼時，也可以只問「要如何行動呢？」、「怎麼做才能做到？」、「那你打算怎麼辦？」

只要課題內容明確，就可以讓對方用最短的時間思考答案，付諸行動，效果絕佳。

〈問題例〉

「要讓營業額倍增，有什麼方法？」**（當機立斷法）**

「你覺得怎麼做才能解決那個課題？」**（深挖原因法）**

POINT

熟練運用「開放式提問」、「封閉式提問」、「5W1H」。

原則③ 不用問題誘導

原本是想聽對方意見，聽著聽著不禁開口問：「你真的這麼想嗎？」、「沒有其他方法嗎？」不知不覺地誘導對方說出自己想要的答案。

身為上司必須指導下屬。這種想法越強烈，越容易陷入想讓下屬照自己想法行動的窘境。

自以為很厲害的人，越有誘導傾向。這應該是對自己很有自信的結果。

如果上司質疑下屬的意見，就等同於否定下屬想法。這些問題都是「掃興提問」。

身為上司，如果下屬能做出自己想要的結論，或許會因此鬆一口氣。但這只不過是自我滿足，無法提升下屬的生產力和幹勁。

比方說下屬出錯時上司忍不住說「誰該負責？」、「為什麼沒事先預防？」，這種問題和誘導一樣，也是NG問題。

這種時候不能把找犯人當成目的。

此時必須問的是「你覺得哪裡有問題？」、「真的沒有其他可以做的嗎？」、「受害的是誰？」等問題，讓下屬本人自覺到問題的嚴重性和原因所在。

然後再透過「你覺得怎麼做才好？」的問題，讓下屬思考解決對策。不這麼做就會一而再再而三地重蹈覆轍。

抬高語尾聲調問「這你做得到吧？」、「沒問題吧？」、「你答應了哦？」這些雖然是問句，但聽起來也會讓人有被強迫的感覺。

這些都屬於可以用是或否來回答的封閉式提問，但考慮到後續的人事考核等，下屬很難回答否。

大多數下屬都會揣度上司想法，亦即接受自己其實不想要的答案。可是很多上司卻誤以為「你之前不是同意了嗎？為什麼現在又反悔了？」

此時下屬回答的「是」或「我知道了」，意思並不是「我會照你的話做」，而是「反正多說無益」，放棄算了的意思。

下屬如果不能自覺到自己有問題，而且這個問題導致工作出錯的話，就會把責任推給他人，錯失改變自己的機會。

一個人要改變不能靠其他人。

如果自己不想改變，就不可能有所改變。

上司想的最佳解答和方法真的是最好的嗎？對上司來說的最好，並不表示對下屬來說也是最好。

對於上司的問題，「下屬的回答」並不在上司的腦海中，而是在下屬的腦海中。

「加油提問」正可以協助本人找到回答。

進行「加油提問」時，上司就算準備好問題，也請不要準備答案。上司不可以事先在答案紙上寫下解答。

只有下屬可以寫答案。

就算下屬的答案不是上司要的答案，上司也不能當成沒有這個答案。

只要是下屬自己寫下的答案，不管是什麼樣的答案，都請上司接受。光這麼做，下屬應該就可以自己思考並起而行了。

話雖如此，有時就算提出「加油提問」如「你想怎麼做呢？」、「你覺得如何？」（深挖原因法），下屬卻老是答不出來。

此時就像前面的說明一樣，靜靜地等吧。

作答時間很長，可能是因為下屬正在深入挖掘自己的想法。無法立即回答並不是壞事。

話是這麼說，但相對無語的時間還是讓人很尷尬。

此時可以試著用其他的「加油提問」，提供線索協助下屬整理想法。

「硬要說的話，是怎麼回事？」**（當機立斷法）**

「如果狀況不同的話，怎麼辦？」**（假設突破法）**

這種問題可以讓下屬換位思考，有時因此可以找到靈感。

此外，當問題太過籠統，很難掌握全貌時，也可以用因式分解的邏輯提問，細分內容。

舉例如下：

「如果只有其中這個部分，你會怎麼做？你覺得呢？」

「如果用最簡單的方法，你覺得可以做什麼？」

也有一種狀況是上司問「你覺得呢？」時，下屬回答「不知道」，上司反而很困惑。

不過就算是這種狀況，上司也不可以說出自己的想法。

這種時候就換個切入點提問吧。

如「你覺得什麼地方有困難呢？」、「如果換個立場會怎樣？」，讓下屬換位思考，「加油提問」就可以繼續下去。

說不定也有上司無論如何都想給下屬建議的狀況。此時請務必用「我可以給你一點建議嗎？」當成開場白。

這樣做可以告訴下屬，我不是想把自己的想法強加在你身上。而且當上司認真地說「可以給你建議嗎？」時，下屬也會惶恐，比較會認真聆聽。

POINT

原則就是照單全收。但可以提供線索。

原則④ 用短句提問

如果有人問你這個問題，你有何感想？

「自從四月人事異動，團隊成員輪替後，我觀察了你的工作，看起來你和其他成員都合作愉快。所以我不知道為什麼無法反應在結果上，你知道是怎麼一回事嗎？」

聽到這種問題，我想大家的反應都是「啊？對不起，請你再說一次」吧。

先別提這是加油還是掃興提問，首先問題本身就長到不知所云。標準的問題字數大約是十～二十字。

前面的問題如果改成「你覺得新團隊的氣氛如何？」（十一字），下屬應該更容易回答吧。

短句提問舉例如下：

「你覺得最重要的事是什麼？」（十一字）
「針對那一點你有什麼想法？」（十一字）
「你真正想做的事是什麼？」（十字）
「你希望三年後自己是什麼樣的人？」（十四字）
「如果可以回到起點你會怎麼做？」（十三字）

問題太長會讓人不知所云，而且也不要一次問兩個以上的問題。

問題太長的可能原因如下：

- 未整理好想問的內容。
- 想問難以啟齒的內容。
- 認為對方無法理解問題含意而加入說明。
- 怕被認為是性騷擾、職權騷擾，引發問題而謹慎小心過頭。
- 上司想把自己的想法告訴下屬。
- 其實內含想對下屬說教的心情。

問題一長，前面要問的問題很可能和後面不同。

這麼一來下屬也會混亂而無法思考，更難說出自己的意見。

我再重複一次，「加油提問」的目的，是要讓對方回答、讓對方思考。

與其加入各種開場白或條件問「這樣、這樣、這樣的話，你想怎麼做？」，不如簡單問一句話「你想怎麼做？」，更能拓展下屬的思考範圍，「對哦，我到底打算怎麼做啊？」

如果怎麼做都無法縮短問題，也可以分成兩個問題來問。

一開始先問「你對異動後的團隊有什麼感覺？」，接著再問「你覺得有順利做出成果嗎？」

POINT

一個問題要控制在十～二十字！

原則⑤ 明確的問題目的及用意

最後一個原則就是提問時要有自己的目的及用意。

教練時我常詢問對方的興趣和現在熱衷的事等。**這是為了知道可以用什麼方式來提升對方的士氣。甚至還有找出對方自己也沒發現的長處或適性的目的。**

如果沒有上述目的，只是茫然地問「你現在迷些什麼？」，那就只是一般閒聊而已。

比方說問職棒巨人隊球迷的下屬：「今年巨人隊表現如何？」這不過是一般閒

聊。

此時如果你的問題是：「你為什麼喜歡棒球？」就可以得到「因為我喜歡團隊合作獲勝的感覺」、「我自己也有在打棒球，我喜歡練習後和隊友一起去喝酒」等回答。

從這些回答就可以推測「他喜歡團隊一起完成某件事的感覺」、「他很重視和夥伴的交流」。

然後根據這些資訊，就可以導入「那麼為了讓目前的專案成功，你覺得自己可以對團隊有什麼貢獻？」等的「加油提問」。

特別是1on1時，如果自己不先決定面談主題如「今天要問下屬的業務問題點」、「今天要問下屬的未來願景」等，會話就沒有方向。

抱持著「讓對方發現這一點」的目的時也一樣。

雖然不能用問題來誘導對方，但也必須詢問理由，如「你對〇〇好像很嚴格，這是為什麼？」

此時如果茫然地問「最近如何啊？」，也只會得到不符期待的回答，如「最近啊，很好啊！」

你也可以在1on1開始時，先告訴對方今天的談話目的，如「今天我想針對這個主題來談」。

當然也可以問對方「今天你有沒有什麼想談的事？」

就像寫電郵時要加入「有關〇〇的事」的標題一樣，雙方都知道談話主題，面談可以進行地更為順利。

每個人都想有效地利用有限的時間。

學會「加油提問」技巧的人，都能有意識地提問，共享重要課題，因此他們的回饋如「時間變短了，但1on1的內容更紮實了」、「日常工作就好像是在研習」等，都是很正面的感想。

POINT

提問時自己心中要有明確主題。

第3章

提高生產力的提問「四大步驟」

四大步驟的「順序」最重要！

要提高下屬的生產力，關鍵就是要根據以下四大步驟進行「加油提問」。

【步驟①】分析並確認現狀；

【步驟②】設定並共享目標（終點）；

【步驟③】討論並確定解決對策、優先順序；

【步驟④】行動。

四大步驟的順序很重要。

順序錯誤就無法得到預期效果。

例如下屬有問題時，很容易忽略分析現狀、設定目標，而直接思考問題的解決對策。

可是這種做法是錯的。

因為解決對策會因目標而異。

當下屬受限於眼前問題，視野變得狹隘時，讓他去思考解決對策，也只能想出治標不治本的方法。

上司也一樣。

上司眼中如果只看得到下屬的問題，也只能提出「反正先去道歉」這種建議。

所以第一步就是要站在對方立場先仔細了解目前狀況。

實際依照這些步驟執行就會發現，很多時候自己以為已經了解目前狀況，其實根本沒有。

原以為是下屬犯錯，結果其實是給下屬建議的前輩有錯。這也是常見狀況。不了解實情就去思考解決對策，完全沒有任何意義。

所以要先詳細了解為什麼出問題（背景、根據），然後明確定出目的，決定今後前進的方向。

如果下屬和往來客戶之間出了問題，那麼目標可能既不是道歉，也不是今後不再犯同樣的錯，而是「磨練全方位能力，以便能因應發生的各種問題」。

這麼一來解決對策自然不是避免問題發生，而是以發生問題為前提，思考因應之道。如果沒有這個終極目標，就只能想到去道歉、寫道歉信等短視近利的解決對策。

這種短視近利的解決對策可以立刻實行，乍看之下生產力好像因此提升了。

可是如果不找出目標、目的，每次都是兵來將擋水來土掩，最終根本無法提升生產力。

要提升生產力就不能左搖右擺，必須有屹立不搖的骨架。

所以設定目標建立骨架極為重要。

至於思考對策，就等到了解現狀，建立將來想怎麼走的骨架後再著手即可。按照這個順序進行，面談就不會談完就沒下文，可以確實付諸行動。

說不定很多帶領下屬的上司，其實並不知道如何讓1on1有效發揮功能。就算是這種上司，只要把這四大步驟放在腦海中思考如何提問，應該就可以輕鬆透過1on1達成目的。

等到熟練後，除了1on1，也可以應用在日常工作中。

覺得下屬的樣子怪怪的，就利用十分鐘左右的空檔實踐四大步驟吧。這麼一來一定可以體驗到下屬行動品質的改善，生產力也會大幅提升。

具體的提問方法將在第四章仔細說明，接下來要先介紹四大步驟。

POINT

分析並確認現狀↓設定並共享目標（終點）↓討論並確定解決對策、優先順序↓行動。

步驟①

分析並確認現狀

步驟①的了解現狀，就像是看地圖時要先確定現在位置一樣。

如果這裡就錯了，就要花更多的時間精力才能到達目的地。

為了避免走冤枉路，這是不可或缺的重要步驟。

這個階段要讓下屬用自己的話說明「何時」「何地」發生了「何事」、有什麼背景因素、有什麼課題等。

「現在的工作如何？」

「專案狀況如何？」

就先問這些簡單的問題吧。

這個階段小心不要用「掃興提問」，比提醒自己用「加油提問」更為重要。

提問主要是為了確認，也可以由閒聊開始，讓下屬放鬆。**此時重要的是保持立場中立。**

「上次我們因為A公司的案子起了爭執吧？」這種「掃興提問」，就好像談話的前提是下屬有問題。

所以請從頭到尾態度一致，為了確認已發生的事情而提問，如「A公司那件事是怎麼一回事？你可以為我說明嗎？」

「加油提問」時主要是上司提問下屬回答，但在步驟①上司收集資訊的同時，也要讓下屬自己確認狀況。邊回答問題邊整理狀況，下屬也會逐步找出自己該做的事。

分析現狀的方法，首先就是釐清已完成、未完成、已知、未知的事。

比方說明明很努力跑業務卻無法成交，就要深挖原因如無法成交的比例有多高？問題在哪裡？

是外表讓人無法信賴嗎？不夠理解公司商品嗎？業務話術有問題嗎？不會收尾嗎？等等，找出這些問題的答案並加以分析。

其次就是把課題分解成細項。

無法成交的問題，可以細分成事前準備、業務訪問次數、業務話術、收尾等細項。

不細分問題，只是一個勁兒地煩惱無法成交，永遠找不出問題所在。不知道問題所在，就無法擬定終點目標和解決對策。

如果下屬對你說「工作不順利」時，就可以活用深挖原因法提問，如「什麼部分不順利呢？」、「為什麼不順利呢？」來挖掘問題所在。

這個步驟絕對不能問「這是誰的責任？」，不能究責。

此時究責，下屬會因為不想被責罵而報告虛偽的數字或隱藏錯誤。

作。

上司和下屬之間一旦喪失信賴關係，不但會影響生產力，甚至無法順利推動工

實例：【步驟①】分析並確認現狀的方法

接下來就用一個典型案例來看看應該如何提問。以下會話是某製藥公司就任第二年的MR（藥品業務）和上司的1on1談話。

上司「這個月也快結束了，回顧這個月你覺得如何？」

下屬「嗯，我自己覺得很努力了，可是好像還是不行？」

上司「你覺得哪裡不行呢？」※1

下屬「我常去拜訪負責人，但好像無法反應在業績數字上？」

上司「原來是這樣。你一週去拜訪幾次？」※2

下屬「一週兩到三次。我已經提出宣傳促銷方案了，然後一直停在那裡。好像找不

到著力點……」

上司「為什麼呢？」※3

下屬「我帶著資料去拜訪，對方雖然會說『啊，這不錯耶』，可是我不知道接下來怎麼做才能讓對方用我們的產品。」

接著我們來確認這段會話的重點吧。

※1

此時上司如果回答「是啊，業績數字看起來不太好耶」，下屬就無法自行思考答案。

分析現狀時，原則上上司要儘量避免說出自己的意見或想法。

此外也必須針對下屬認為不行的理由，仔細分析。

此時下屬的回答中帶著疑問的語氣，建議大家這種時候要再反問「你為什麼這麼覺得？」，讓下屬再進一步思考。

※2

分析現狀時，問數字是一個很好的方法。因為數字有助於客觀掌握狀況。

如果用「多」「少」這種表現方式，因為感覺因人而異，很容易成為上司和下屬之間有落差的原因，請大家小心。

另外提問前先出聲附和，如「原來是這樣」、「這樣啊」、「咦，原來是這樣」、「原來如此」等，可以有個緩衝，不會讓人有奪命連環問的感覺。

※3

這個提問是要讓下屬自行分析促銷不順利的現狀。此時如果上司說「是不是你不夠強勢？」，下屬就只會表示同意「可能吧」，然後掃興作收。

POINT

上司在收集資訊的同時，也要讓下屬自己確認狀況。

步驟② 設定並共享目標（終點）

步驟②最重要的一點，就是要讓本人自己決定目標。

而且下屬決定的目標，上司儘量不要干涉。此時上司如果插嘴干涉，立刻會影響下屬士氣。

設定目標之所以是第二個步驟，是為了讓下屬去思考「我想這麼做」、「如果這樣該有多好」的理想目標，以及高興的事、讓人歡欣雀躍的事，以拓展視野。

沒有明確目標就開始思索解決對策甚至行動，最後甚至可能無所適從。

比方說以營業額為目標時，如果一開始定下「一年內要創造十倍營業額」的大目標，自然就知道接下來該做什麼。

不決定目標只專注解決眼前的小問題，即使用一樣的期間，也不知道可以增加多少營業額。

因為看不到終點，中途士氣可能因而無法持續，最後也無法達成偉大成果。

讓對方想像理想目標以提升士氣的手法，就是所謂的「向上歸類」（chunk up）。chunk的意思是「大塊」，向上歸類指的就是「做成一大塊、做大＝擬定目標」。

相反地，把目標細分成小目標的手法就是「向下歸類」（chunk down），也就是把一大塊分成好多小塊的意思，這是仔細擬定具體計劃時的有效手法。

如果一開始就使用向下歸類手法，思考會變得狹隘，無法發揮創意。所以先向上歸類後再向下歸類，思考即可又廣又深，有助於激發創意。

步驟②的加油提問主要用的是「**幹勁開關發現法**」。

「完成這項工作後你覺得有什麼好處？」

「一年後你希望成為什麼樣的人？」

由上司提問，共享下屬當時所想的理想目標吧。

知道理想的自己和現實的自己之間的差異，自然就會發現怎麼做才能彌補差異。

有人可能覺得當下屬心中有問題時，並不適合問「一年後你希望成為什麼樣的人？」

其實這種時候正適合用向上歸類手法來為下屬「加油」。

只要能讓下屬理解上司的立場，也就是會議目的並非勸誡下屬言行，而是要解決眼前的問題，讓下屬朝著更大的目標前進，下屬應該就能冷靜下來思考。

下屬還是新人，無法思考目標，或經驗尚淺還沒有明確理想時，就要在問題上下工夫，如「A前輩第二年時這麼想，你覺得如何？」、「如果調你去其他部門，你想做什麼？」等等，協助下屬釐清自己的理想目標。

就算下屬老是對目標沒有想法，上司也不能直接給他目標，因為這樣就不是「加油提問」了。

所以請大家務必小心，不要用「以〇〇為目標如何？」直接給下屬一個目標，變成「掃興提問」。

當下屬說出他所想的目標，如「我想創造一千萬日圓的營業額」、「我想在比稿中獲勝」、「我想加入新專案團隊」等等時，不要就此結束。

「為什麼呢？」**（深挖原因法）**

「你真的覺得那樣好嗎？」**（貫徹力強化法）**

試著用這些問題詢問理由，應該可以成為朝目標前進的能量。

實例：【步驟②】設定並共享目標（終點）

步驟①掌握現狀後，下一步步驟②該如何提問，讓下屬設定目標？以下來看看實例。

上司「對了，你上半年的目標是什麼？」※1

下屬「呃，目標是營業額成長百分之二十，簽約件數達去年的兩倍，可是如果照現狀……」

上司「對哦，現在已經達成幾％了呢？」

下屬「大概一半吧……說不定更少。」

上司「如果有一半了，那也不錯啊？不是比去年順利嗎？」※2

下屬「嗯……雖然是這樣，但都已經第二年了，我總以為可以更好才是。」

上司「所以其實你心中有更高的目標吧。那你覺得目前看來，最終營業額可以成長幾％？」※3

下屬「營業額應該可以比現在再多一點吧。」

上司「百分之十五嗎？」

下屬「我希望至少做到百分之十八。」

上司「很好啊。如果營業額能達標，你覺得自己會變成什麼樣子？」※4

下屬「像A前輩吧。A前輩業績很好，實在很酷。我如果能跟他一樣就好了。」

※1

把觀點拉高到上半年的目標，而不僅僅是月目標的提問。讓對方意識到「一年後」「三年後」等大目標，拓展受限於眼前問題而變得狹隘的思考範圍。看內容也可以籠統地問「你希望將來是什麼樣的人？」

※2

上司替「達不成目標」而略顯失意的下屬打氣加油。

針對意志消沉、看輕自己的下屬，上司要不經意地找出下屬的優點。把重點放在下屬做得好的部分，而非下屬沒做好的部分，激勵下屬。

※3

這位下屬心中的目標，其實高於他說出口的目標，自己也為了現實和目標之間的差距而意志消沉。所以要確實理解下屬的想法，然後再提出重設目標之類的問題。

當下屬將目標修正成「這樣的話好像就可以達成」的目標後，士氣自然提升。

※4

這是屬於幹勁開關發現法的「加油提問」。

目的是讓下屬想像一下達成目標後的自己，恢復自信心。

也可以讓下屬想像自己達成目標後，會有什麼心情和情緒。

此外對於下屬的回答，也請上司表示贊同，如「真好耶」、「好棒」、「這想法很有趣耶」、「那也是一種看法耶」等。

只要表達出「我聽到你的意見了」的態度，對方就會敞開心房。這也是讓「加油提問」更有效的方法之一。

因為鼓勵下屬設定高目標並提出「加油提問」，就是讓下屬成長的捷徑。

POINT

上司儘量不要插嘴干涉下屬決定的目標。

步驟③ 討論並確定解決對策、優先順序

現狀分析和目標設定完成後，就要前進到步驟③思考解決對策、優先順序的提問。

此時重點仍是讓下屬本人自己想。不管想出來的對策多麼差勁，也請上司忍耐，尊重下屬本人的意思。如果是會造成公司損失的對策，當然另當別論，但只要沒有這種擔憂，就算明知對策一定失敗，我也會讓下屬去試試。

上司的任務就是支援下屬思考解決對策，所以上司千萬別回答。一旦上司說出答案，下屬永遠不會自行思考。

步驟①分析的現狀和步驟②釐清的目標之間，會有差距。這個步驟的目的就是

思考如何消除差距。

就用「加油提問」讓下屬思考解決對策，同步累積解決的自信心吧。同時也可以藉此整理工作進行方式，有助於加快工作速度。

不過不論什麼問題，通常都不會只有一種解決對策。由起點到終點有很多條路徑。因此步驟③要從發揮各式各樣的創意點子開始，再從中選出最佳方法，然後再排定作業的優先順序。

解決對策必須付諸行動才有意義。所以不能止於「我會努力」、「我會加油」，而是要盡可能地提出具體的想法和行動，如「我要做○○」等，這就是重點。

舉例來說，讓下屬提出解決對策時，可以多問幾次以下提問，讓下屬提出各式各樣的創意點子。

「你覺得怎麼做可以縮短那項作業的時間？」**（深挖原因法）**
「那真的是必要作業嗎？」**（貫徹力強化法）**
「有沒有遺漏的地方？」**（假設突破法）**

另外排定優先順序時，就用「當機立斷法」及「貫徹力強化法」鎖定重點。

「現在你無論如何不得不做的事是？」（**當機立斷法**）

「那真的是最好的做法嗎？」（**貫徹力強化法**）

「加油提問」並沒有一對一的正確解答，亦即沒有「這種時候就用這個」的標準答案。關鍵就是要讓本人自行思考，再從他的想法中導出解答。這麼一來自然可以提升下屬本人的生產力和幹勁，乍看之下很普通的問題也會變成「加油提問」。

實例：【步驟③】討論並確定解決對策、優先順序的方法

這個步驟可說是面談的關鍵，所以寧願多花點時間，充分問出下屬的想法。看以下實例也可了解，「下屬：上司」的說話比例可能不只是「七比三」，甚至是「九比一」。即使如此仍能充分收集到資訊。

上司請把自己當成智慧導航，拋出下屬容易開口回答的問題吧。

下屬「我的目標是成為像A一樣的人。」

上司「A什麼地方好呢？」※1

下屬「他只要見新客戶兩到三次，就可以成交，這不是很酷嗎？我就算見了五到六次也無法成交啊！」

上司「你曾和A一起去拜訪客戶嗎？覺得如何？」

下屬「我還是新人時曾和他一起去拜訪客戶幾次。不論去到哪裡，客戶都會笑著迎接我們。還有他很會說，在客戶家逗留的時間很短。」

上司「原來是這樣。A為什麼可以讓客戶笑著迎接你們呢？」※2

下屬「不知是不是因為他外表看起來整齊乾淨啊？然後他很清楚客戶的興趣，會自然地說出『你上次去跑半馬，結果如何啊？』之類的話。他說話很容易懂，很忙的人或許喜歡他這種風格。和我自己去訪客的情況完全不同。」

上司「這樣啊。哪裡不同呢？」

下屬「我說了『午安』之後，大概就只會說『今天很熱耶』，然後就說不下去了。商品說明也很冗長，說到一半我也會感受到對方不耐煩了……」

上司「原來如此。A為什麼那麼擅長商品說明呢？」

下屬「可能是他都鎖定商品『賣點』扼要說明吧。而且他會站在客戶立場說明效果、作業更輕鬆之類的特性，很容易懂。他還會很自然地回饋客戶，『這是上次提到的資料』。而且拿出資料時很俐落，不用找半天，對於尖銳的問題也能流利地回答。我可能就很常說『這個問題我帶回去研究一下』，無法當場立刻回答……還有A對於競品也非常了解。他很會比較其他公司產品說明優缺點，也會介紹實際病例。他好像事前都會準備很多海外治療的狀況，或新論文內容等，都是客戶會感興趣的話題。」

上司「A真的很厲害耶。那你試著模仿過他嗎？」

下屬「沒有耶，我是不是應該來試試啊……」

上司「真要試的話，你覺得自己確實能做到的部分是？」※3

下屬「總之我先去美容院整理頭髮，也換一件更挺拔的襯衫吧。」

上司「這樣很好啊。然後呢？」※4

下屬「我再把商品相關問題整理一下，把資料準備好。過去我可能只是一個勁兒地說自己的吧。」

上司「這點很重要。其他還有沒有什麼可以做的？」※5

下屬「其他的……也必須找出客戶興趣耶。」

上司「對啊，這也很重要。」

※1

試圖用下屬身邊可做榜樣的前輩工作方式，找出解決方法。

要改變下屬的行動，只能儘量讓他找到想像得到的具體方法。可做榜樣的前輩和上司就是絕佳教材。

※2

為了讓下屬找到解決對策的材料，反覆運用「為什麼」、「怎麼做」與WHY

和HOW，深入挖掘A的工作方法。這些就是運用深挖原因法的「加油提問」。分解A的工作方法，找出可化為實際行動的材料。

此外配合對方的用字遣詞，可以讓對方有親切的感覺。例如當他說「這不是很酷嗎？」時，就回以「那真的很酷耶」。當他說「客戶都會笑著迎接我們」時，就用相同的表現方式回覆「為什麼可以讓客戶笑著迎接你們呢？」

※3

等到收集了許多解決對策的材料後，就運用貫徹力強化法提問，協助下屬排定優先順序。使用「確實」、「硬要選的話」、「絕對」等強調的表現方式，把會話帶向一定要選一個執行的方向。

※4

讓下屬自行思考解決對策和優先順序時，上司有時會覺得下屬的選擇很奇怪，「那很重要嗎？」、「怎麼會從那裡開始？」不過即使心裡這麼想，也不要否定下屬的想法。我的作法是以下屬的想法為優先，同時讓他思考其他的選項。

※5

當下屬選出自己想做的事後，運用「還有呢？」敦促他再想得更廣一些。我通常會反覆問三到四次「還有其他的嗎？」

這麼一來問到最後，有時下屬內心深處會浮現原本他自己根本沒想過的方法。

POINT

彌補分析出來的現狀和設定的目標之間的差距。

步驟④ 行動

最後的步驟就是讓下屬起而行，以提高生產力。

決定解決對策後，如果有想立刻執行的速度感，就一定可以提高生產力。此時可以運用以下問題，限定「哪個」、「何時」，促使下屬起而行。

「你想先從哪個開始做？」

「你何時要去見客戶？要見誰？」

「何時可以完成呢？」

這些都是「**當機立斷法**」的提問。

這個步驟的重點不是命令下屬動起來，而是運用提問引導下屬起而行。

即使是同樣的行動，如果是上司的命令，很難消除被迫做的感覺。所以請堅守原則，讓下屬自己決定。

另外讓下屬自行管理「何時開始」、「何時完成」的時間表，也是確實提高生產力的關鍵。

只要重複這一連串過程，慢慢就可培育出可自行思考並起而行的下屬。

另外當下屬決定要做某件事時，如果上司可以利用以下問題傳達已做好支援準備的訊息，下屬自然也可以放心行動。

「有沒有需要我這邊支援的事？」

「如果來不及，我也可以幫忙哦。」

在這些會話之後，上司也不能就此放手不管，還是要定期確認進度，必要時提供建議。

實例：【步驟④】行動方法

面談的收尾也很重要。為了推下屬一把讓他起而行，請提問引導下屬。

上司「下次什麼時候去拜訪客戶？」

下屬「後天。」

上司「在那之前大概可以做多少準備？」※1

下屬「總之今天下班回家先去剪頭髮（笑）。然後把過去的商品相關問題整理一下，至少可以做這些準備吧。如果還有時間，我也會把客戶大概會想要的資料整理好。」

上司「嗯，做到這個程度就很好了。」※2

下屬「是啊，我也覺得這樣應該可行。我好期待去見客戶。」

上司「見完後可以告訴我結果嗎？」※3

下屬「沒問題！」

※1 決定好行動的優先順序後，一定要用「何時去做」之類的提問設定截止期限。

如果沒有截止期限，就難以連結到行動。

※2 下屬決定行動後，首先要出聲認同。

此時如果提出「就算時間不夠，最好也要先整理好資料哦」之類的建議，就會打擊下屬的幹勁，除非不得不，請不要這麼做。

「我很高興」、「我很期待」等訊息也很有效。

※3

為了表示自己不是只問到這裡就結束，還會持續跟進，就用「告訴我結果」、「有問題隨時問我」來表示自己的態度。

除了確認「結果怎麼樣了」，即使自己很忙，也要保持寬裕的態度，讓下屬隨時都敢開口提問。

POINT

讓下屬自己訂出截止期限，並表達支持的態度。

第4章

加油提問的「五大技術」

第四章終於要開始說明提問的五大技術。

原本教練時使用的基本問題有一百題以上，全部記住並運用自如實在很困難。

所以我特別從中選出效果卓越的五大技術，並命名為「加油提問」。

只要運用此五大技術提問，下屬和團隊的生產力一定會蒸蒸日上。遇上難以解決的問題原地踏步時，只要妥善提問，就可以掌握解決的頭緒。

同時也不用再煩惱「自己沒有指導能力」、「到底怎樣才能讓下屬會做事？」。

只要拋出「加油提問」，下屬自然會自行思考並付諸行動。

換言之對上司來說，這也是最輕鬆、最沒有負擔的指導方法。

本章介紹的問題是基本問題，請參考基本問題，發展出屬於你自己的「加油提問」。

① 當機立斷法

工作量和種類繁多，實在不知從何下手……。

這種時候能讓人排定優先順序，縮小選擇範圍，協助決策，提高工作生產力的問題，就是「當機立斷法」。

電視節目經常問來賓「死前最想吃的食物是？」，聽到這種問題，就算猶豫也會選出一種食物吧。

利用這種「**終極選擇**」的提問，讓對方思考「現在應該做什麼」。

當機立斷法也適用於優柔寡斷、老是無法下決定的人，或是完美主義者。

當機立斷法的目的

當機立斷法就是把對方放在「沒有不選擇這個選項」的狀況中。

過去證券商的電視廣告曾介紹普林斯頓大學行為經濟學家亞爾達・賽菲（Eldar Shafir）博士提倡的「規避決定的法則」。

電視廣告的場景是嬰兒車賣場，一個賣場只展示四台，另一個賣場則展示二十台左右。結果消費者到了前者會買回去，但到了後者卻空手而回。

這個法則指出當選項很多時，人反而無法做出選擇，因而無法行動。工作量多到無法行動的人，也是處於這種狀況。

此時當務之急就是減少選項，讓人更容易做出選擇。

用當機立斷法做出選擇，自然而然會養成自己決定的習慣，瞬間知道選哪個去實行就好，可望有提高瞬間爆發力的效果。

當機立斷法基本提問方法

要鎖定選項，就必須設定「範圍」。

以下介紹三種代表性的範圍設定方法：

（1）用數量設定範圍

「現在最想做的一件事是什麼？」

「如果只能做一件事，你想做什麼？」

「你覺得絕對不能少的是什麼？」

這是利用這類提問讓對方選出一個的技巧。

提問時的關鍵，就是在問題中明確提及數字「一」，或者是「只有、絕對」之類的字眼。

特別是面對新人時，因為需要改善的部分太多，不知不覺地就會魚與熊掌都想要，因而給了過多指示。這種指示方式無法協助新人記住工作，只會讓他更無所適從，不知從哪件事做起才好。

這種時候設定範圍讓本人自己選擇，之後的行動自然會改變。

「如果一定要你選出一件事來改，你會先改什麼？」

實際應用時當然也可以讓對方選擇一個以上。

例如請他寫下本週必須做的事，然後提問：

「如果要從這些事當中選出三件絕對要完成的事，你會選什麼？」

要小心的是不要用二選一的提問，如「A和B你要先做哪一件？」，這種提問就像是誘導一樣，會變成「掃興提問」。

如果是本人自己決定的選項中，讓他自己二選一「這兩件事你想做哪一件？」就無妨。所以請注意上司千萬不要替下屬決定選項。

（2）用時間設定範圍

「如果只有三十分鐘，你要從哪裡著手？」

「如果限時二十四小時，你選哪件事？」

「由速度來看，哪件事最緊急？」

「如果今天只有一次機會對社長（客戶）簡報，你要做哪一個？」

「如果這是死前最後的工作，你一定會做哪件事？」

這是利用時間軸讓對方選擇的技巧。

運用當機立斷法時，關鍵就是儘量把時間軸切分成「三十分鐘」、「一小時」、「今天」等很短的時間。

使用「最緊急」這種好像要把人逼到極限的表現，更有急迫感。「死前」雖然是較長的時間軸，但卻是增加最頂級急迫感的表現方式。

（3）用效果設定範圍

「什麼方法可以讓時間縮短一成，成效增加一成？」

「哪一項作業影響最大？」

「哪件事其他人絕對無法接手？」

這是用效果程度讓對方選擇的技巧。

這個技巧必須看人用，也就是只能用在某種程度會做事的人、有實力卻無法順利成長的人身上。如果對新進員工或不熟悉作業的人問這類問題，他們也無法想像效果是什麼，反而會變成「掃興提問」。

但是對會做事的人提出這種問題，他們當下就可判斷自己現在應該做什麼，可大幅提高生產力。

我希望大家試著運用這種提問技巧，實際體會它的效果。

以上就是三種設定範圍的基本技巧。

當然設定範圍還有其他手法。

比方說可以用成本設定，也可以用難易程度或速度來設定。另外顧客滿意度、團隊滿意度等也可以用來設定範圍。

只要掌握了範圍的設定方法，大家也可以試著自行變化嘗試。

當機立斷法實踐範例 1 「立刻陷入恐慌的下屬」

當不得不做的工作如雪片般飛來或發生緊急狀況時，資深員工會用自己的經驗法則立刻排定優先順序，**但年輕員工常常因此陷入恐慌。此時就試著運用當機立斷法吧。**

剛換部門還沒什麼新工作的經驗值，或是為了不讓上司失望而給自己太多壓力，都可能引發恐慌。此時什麼樣的提問可以讓下屬自行思考並起而行呢？

「不冷靜就會失敗，不是嗎？」

「你是不是缺乏平常心？」

沒錯，這些都是「掃興提問」。人都已經陷入恐慌了，又聽到這些問題，只會直接爆發。

此時最適合的手法就是用數量設定範圍的「加油提問」。

「從目前的工作中，如果要你選出一件，你會選哪件呢？」

設定「只有一件」的範圍，可以讓對方的思考從「全部都得做才行，怎麼辦啊……」，轉換成「只要先做一件就好了」。

這麼一來自然可以冷靜下來，專注在眼前的工作上動起來。

不過這個問題得到的答案，很可能是本人覺得容易做或喜歡的工作，不一定是正確的優先事項。有時對方可能選擇晚一點再做也無妨的事。即使如此，也比停滯不前什麼都不做來得好。但上司還是希望下屬能當下就排出優先順序，這樣工作才能順利進行。所以我們要進一步精修提問，運用更高階的「加油提問」。

舉例如下：

「最能賺錢的是哪件事？」

這個問題十分直接，如果覺得難以開口，也可以改成以下提問：

「對公司來說，哪件事最能獲利？」
「放著不做帶來的風險，哪件事最高？」
陷入恐慌就是驚慌失措，情緒超越理智的狀態。此時提出獲利、風險等現實面要素，可以讓人恢復理性，冷靜下來。

當機立斷法實踐範例 2 「拖拖拉拉的下屬」

要促使下屬動起來，問他「不想做的事」也是一種方法。**因為排除不想做的事後，剩下的就是想做的事了。**

對於拖拖拉拉的下屬，絕對不要說出「你是不是把工作想得太簡單了？」這種話。這是「掃興提問」中最糟糕的問題，下屬會因此直接把你歸類為最討人厭的上司。

「你最想做的事是什麼？」這個問題如果問不出答案，我會換個方式問。
「你最不想做的事是什麼？」

這麼一來下屬應該可以答出一些內容，如「整理會議紀錄」、「在店裡銷售」等。

然後再進一步詢問「為什麼你不想做那件事呢？」，就可以看出下屬真正的想法。

不想做的事，相反的就是想做的事。

只要透過不想做的事去確認想做的事，下屬也會覺得上司很了解自己，有助於提升士氣。

我們可以再把這個問題精修昇華一下。

「給你再多錢你也不想做的事是什麼？」

如果下屬回答「硬要推銷顧客明明不感興趣的商品」，就可以知道他對目前的銷售方法有罪惡感。

這也是生產力低落的原因，所以可以接著問：「怎麼做才能讓顧客對商品產生興趣呢？」、「有沒有方法可以讓顧客喜歡這項商品呢？」這就是可以提高生產力的提問。

POINT

拋出可做出終極選擇的提問，讓對方思考「現在應該做什麼」。

② 假設突破法

面臨生死存亡的關鍵或絕對不允許失敗的大事時，大多數人的思考都會停止，開始在原地打轉。

此時有助於突破的手法就是假設突破法。

拋出一個假設問題，拓展對方的視野。

這種手法對於自以為了解，或自以為做好了，而不願意改變工作方式的下屬也很有效。所以也希望大家能用在受限於眼前工作而無法顧全大局的下屬身上。

假設突破法的目的

當工作遇到瓶頸，停滯不前時，人會聚焦在嚴峻的現實面，導致視野狹隘。**此時就運用「如果一天有三十小時的話？」和「如果……的話」這類提問，協助對方跳脫現實。**

例如想著「沒有時間，做不到」的人，其實只是不知道該如何擠出時間。把自己強加在自己身上的枷鎖解開，拓展可能性的手法，就是假設突破法。

別人說的、別人教的事很難內化成自己會的事。但如果是自己發現的事，很快就會牢牢記住。

假設突破法讓對方發現過去自己沒想過的方法、沒採取過的行動，進而讓他發現「還有自己可以做的事」。只要是自己發現的事就會付諸行動，所以應該可以立刻動起來。

假設突破法基本提問方法

「如果……的話，你會怎麼辦？」

「假設……的話，會變成什麼樣子？」

假設突破法基本提問方法，就是用「如果」、「假設」來提問。

假設提問法的魅力就在於以假設性內容為前提，所以可以自由創造問題。這也是提問五大技巧中最容易創造問題，也最容易使用的問題。

除此之外當然也可以用假設提問讓對方換位思考，如「如果你是社長的話？」、「如果你是客戶的話？」

重點就在於使用打破現狀的表現方式。

當對方說出否定意見「沒有時間」時，如果接著問「沒有時間也可以做的事是什麼？」，這種提問並未打破沒有時間的現狀，回答範圍自然受限。

如果使用打破現狀的表現方式，如「如果你可以自由運用時間，你會做什麼？」、「如果還有一年的時間，你可以做什麼？」，回答範圍立刻變廣。

假設突破法實踐範例1

「因為沒經驗而躊躇的下屬」

因為自己欠缺經驗而猶豫不決的下屬，如果你是上司，要怎麼推他一把呢？就算鼓勵他「沒問題的。大家一開始都沒經驗」，他也不會因此想做做看。這種方式和強迫他去做沒什麼兩樣。

此時如果問他：「你在怕什麼？為什麼覺得做不到？」立刻就變成「掃興提問」。對方會被你逼入死角，更不敢踏出一步。

這種時候要運用「加油提問」，就要先打破沒經驗所以做不到的現狀，如「如果你有經驗，完成這項工作時你會有什麼心情？」

此時不管下屬回答什麼都可以。總之重點就是要讓他在「做得到」的前提下思考。

另外還可以把這個問題再精修成更銳利的問題。

「完成這項工作累積經驗後，一年後你覺得自己會是什麼樣的人？」

這個問題的前提是累積到經驗。讓對方想像自己累積到經驗後的樣子，所以只會有積極正面的想像。

如果下屬回答「我想自己可以俐落地完成工作」，接著就再用做得到為前提繼續提問，如「真不錯耶，為了讓自己變成那樣的人，要從哪裡開始才好？」，這麼一來，下屬自然會去思考自己做得到的事。

假設突破法實踐範例 2

「一堆藉口的下屬」

一九七〇年代美國心理學家史帝芬・柏格拉斯（Steven Berglas）和愛德華・埃爾斯沃思・瓊斯（Edward Ellsworth Jones）曾做過一項實驗。

首先他們讓學生參加一項難度很高的考試，然後當必須重考時，調查學生在兩個條件中會選哪一個。

兩個條件如下：

- **服用可能提高能力的藥物；**

●服用可能降低能力的藥物。

有人可能會想這還用選？一定會選擇服用可能提高能力的藥物啊！可是結果出人意料，**多數學生選擇降低能力的藥物。**

為什麼會這樣？

據說是因為潛意識覺得「下次考試就算考差了，也可以說是因為服用了降低能力藥物的結果」。

學生們應該覺得如果選了提高能力的藥物，萬一考壞了，臉就丟大了。

像這樣事先備好藉口先留退路的做法，就稱為「自我設限」。

大家身邊一定也有這種人，在考試或打高爾夫球前，會先說「我昨晚都沒睡，今天成績大概不好」。這就是典型的自我設限。

我想職場中一定也有自我設限的人。

「今天身體不舒服，可能無法做好簡報。」

「我不太會說話，無法說服客戶簽約。」

就算對這種藉口一堆的下屬說「不要找藉口」，他也不會因此改變。可是去逼問他「為什麼會變成這樣？」、「你難道沒想過找人商量嗎？」，這又是徹頭徹尾的「掃興提問」。

人之所以自我設限，通常是為了保護自己，如不想丟臉、不想被罵、怕被人討厭等。

當對方處於這種心理狀態時，不要逼得他走投無路。

當對方老是找藉口時，就試著運用假設突破法提問吧。

「如果允許失敗，你會做什麼？」

這是利用「失敗也沒關係」的表現方式，讓對方不用擔心丟臉的「加油提問」。當一個人只會從一個方向去看事情時，用這種手法，可以協助他把目光轉到其他方向。

我們還可以把問題再精修一下。

「如果你是上司，你會對下屬的你說什麼？」

「假設是五年後的自己，你會給現在的自己什麼建議？」

如此提問，對方應該就無法再堆砌藉口了。

上司不用叱責下屬。只要讓下屬改變觀點，他自己自然會找出答案。

一旦知道不會挨罵，應該就不會自我設限了，可以減少找藉口的時間。

這也是提高生產力的必要做法。**不過有時藉口是正當的，所以還是要先傾聽對方說的話。**

POINT

抛出假設性提問，拓展對方視野。

③ 貫徹力強化法

長跑選手和短跑選手的專注力不同。

童話「龜兔賽跑」中的兔子就是短跑選手，瞬間爆發力強，但很快就喪失專注力。

對於兔子型下屬，在專注力快要喪失的階段再幫他打開專注力開關時，就很適合運用這種提問方法。

另一方面烏龜就很有耐力，專注力也能持續很久，但欠缺瞬間爆發力。

對於烏龜型下屬，有時為了讓他加速衝刺，也會運用這種提問方法。

不論是哪一型，這都是要讓他們能專注到最後，把事情做完的方法。

貫徹力強化法的目的

根據美國微軟公司加拿大研究團隊調查顯示，人的專注力只能持續短短八秒鐘。而且二〇〇〇年時的調查結果還有十二秒，但到了二〇一三年竟然只剩下八秒。說不定未來人類的專注力持續時間還會再縮短。

提高專注力的方法有很多，提問也可以達到某種程度的專注。

貫徹力強化法就是從好的方面來說，把下屬逼入絕境的提問方法。

比方說嘴上說「我做」、「我可以」，卻沒有任何行動的人，就是典型的兔子型。

聽別人說時雖然衝勁滿滿，但回到自己座位時專注力可能就斷線了。

而口頭禪是「規定就是這樣」的人，大多是烏龜型。

「規定就是這樣，先打電話再寄電郵。」

「規定就是這樣，儲存在這裡。」

把規定拿來當藉口的人，十分忠實地遵守規定。

可是這種人不會去做規定以外的事，所以遲遲無法提升生產力。

對於這類型的人使用貫徹力強化法，應該可以讓他們發現彈性調整規定的重要性。

貫徹力強化法基本提問方法

重點就是運用副詞，區分強弱表現，重複說話內容，讓言辭中帶著緊張感。

不同的運用方法，可以分三階段提升專注力。

◆等級 1「運用副詞」

所謂副詞，就是用來修飾除了名詞之外的動詞、形容詞、形容動詞的字。貫徹力強化法會使用「真的」、「絕對」、「務必」、「一定」、「更」等副詞。

當下屬做事拖拖拉拉或只做交辦事項時，運用副詞可以讓他們認真專注在眼前的工作上。

〈問題例〉

「那真的是最好的方法嗎？」

「說真的，你到底想怎麼做？」

「有沒有更好的方法呢？」

「如果你事前知道一定會成功，你會怎麼做？」

「你覺得什麼是絕對不可能的事？」

◆等級2「分強弱」

使用強調性表現如「壓倒性地」、「戲劇般地」、「無論如何」、「真心地」

等，增加緊張感。也可以用數字做出衝擊性的表現，如「使盡百分之一百二十的力氣……」。當下屬的工作開始千篇一律，流於敷衍了事時，分強弱的表現方式具有讓他們更認真的效果。

〈問題例〉
「要達成壓倒性的成果，什麼是必要的？」
「有沒有戲劇性改變的方法？」
「就算會死也不做的事是什麼？」
「你有把它當成最後的機會努力嗎？」
「你是真心想做嗎？」

◆等級3「重複」

做了決定後再用「我最後再問一次」、「雖然多餘，我再問一次」、「保險起見我要問一下」等問題再三叮囑，有讓對方下定決心的效果。

〈問題例〉
「我最後再問一次，那樣做真的沒問題嗎？」
「保險起見我要問一下，你對現在的成果真的不會後悔嗎？」

貫徹力強化法實踐範例1

「只發揮八成實力的下屬」

只用八成實力完成工作，不盡全力，許多烏龜型人都有這種傾向。而且我覺得這種類型的人比過去多。

不盡全力的理由很多，像是反正薪水也不會增加、公司保守不挑戰新事物、公司內人際關係不佳等。

這類型的人很優秀又有實力，真希望在一切不可挽回前改變他們的心態。要得到突破性進展，可以試試以下提問：

「如果可以使出百分之一百二十的力量，你覺得自己會變成什麼樣子？」

烏龜型的人只叫他們使盡全力是不夠的，要叫他們使出百分之一百二十的力量，他們才會盡全力。

此時光是問他們：「你應該可以做得更好才是啊？」、「你的實力不只如此吧？」也打動不了他們。

如果本人認為「這工作做到這個程度就夠了」，再怎麼激勵他們也不會動起來。

所以要以做出超乎現在的行動為前提，讓他們自己思考方法，他們才會付諸行動。

要讓提問更有效，就要用更強烈的表現方式：

「要達成前無古人的成果，怎麼做才好？」

聽到這個問題，思考自然如脫韁野馬一樣，可產生更多創意發想。也可以用「速度」、「便宜」等詞彙取代「成果」。

貫徹力強化法實踐範例2

「口頭禪是『總之』的下屬」

接下工作時說「總之我先做做看」，這種人常常都是兔子型。

當兔子型人說出「總之」時，就要小心了。他們很可能根本不專注用心，導致工作完成度也差強人意。

萬一陷入總之先做做看，做不好再重做，如果再做不好……的輪迴，那就是惡性循環。

兔子型人的專注力中斷時，最好要幫他鎖緊專注力的螺絲。當兔子型人說出「總之先做做看」時，請立刻拋出以下問題：

「這件工作絕對應注意什麼？」

聽到這個問題，對方應該會陷入長考：「咦？應注意的事？」

這樣就可以讓他專注在工作上。

這個問題沒有標準答案。當下屬回答「我想是不要讓客戶不知該如何判斷」時，就回他「對啊，我希望你要注意那一點」，這樣下屬作業時應該會把這一點放在心上。

要讓對方更為專注，就要先問他的工作進行方式。

然後再加上精修過的問題，如「我最後再問一次，那樣做真的沒問題嗎？」、「有沒有不敢說出來的事？」，當下屬回答「沒問題」時，應該可以同時激發他對這件工作的決心。

重複這樣的問答後，下屬「總之」的想法會慢慢減少，進入一直專注的狀態。

POINT

要讓對方專注到最後一秒鐘，就使用「貫徹力強化法」。

④深挖原因法

當下屬的工作速度和生產力低落，或工作缺乏效率常常重來時，光用口頭提醒卻遲遲無法改善，此時「深挖原因法」就是根本的解決方法。

這種方法也適用於老犯同樣錯誤、小錯不斷的「錯誤常客」身上。

深挖原因法的目的

常犯錯的下屬。缺乏效率的下屬。工作速度很慢的下屬。

這些都是上司認為無能的下屬種類。

不過下屬老犯錯或沒效率，與其說是個性使然，主要原因其實在於未能找出犯錯或沒效率的真正原因。

原因分成「表面原因」和「深層原因」。

舉例來說，老犯同樣錯誤的人，表面原因可能是慌慌張張、健忘，但真正的原因常常是雖然知道下次要小心，但卻未去深究為什麼失敗、怎麼做才不會失敗。

深挖原因法正可用來找出潛藏的深層原因。

解決問題不能只解決表面原因，不挖出背後的原因不可能真正解決問題。只要能找出深層原因，就可以思考治本的改善對策，從而提高生產力。

不知根本原因就執行解決對策，只不過是治標的做法。結果下屬仍舊照常犯錯、沒有效率。

只要認真地追究一次真正的原因，生產力就會出現驚人變化。

深挖原因法基本提問方法

深挖原因法的提問方法很簡單，只要在問題中加入「ＷＨＹ」和「ＨＯＷ」即可。用這樣的問題反覆詢問：

「那件工作你是『**如何**』做的？『**為什麼**』這麼做呢？」

「原本『**為什麼**』需要那項作業呢？這是『**為什麼**』？」

反覆問「ＷＨＹ」的著名做法，就是豐田生產方式的「五個為什麼」。也就是反覆問五次「為什麼？」，追根究柢找出問題根本原因的方法，現在又被稱為「為什麼—為什麼分析法」(Why-Why Analysis)。

深挖原因法和五個為什麼一樣，透過重複問「為何？」、「為什麼？」避免思考停擺，因而得以找出問題的本質。

換言之，一直到找出問題本質為止，必須不停地重複詢問。

此時如果一直用相同的問題，如「為什麼變成這樣？」、「為什麼？」，就好像在質問犯人一樣，必須小心。

「為什麼變成這樣？」

「你覺得為何需要那項作業？」

「為何你覺得不能做非指示的作業？」

像這樣故意改變問題切入點，應該就不會把對方逼入死角了吧。

深挖原因法實踐範例 1 「恣意妄為的下屬」

一個口令一個動作的下屬讓人傷腦筋，可是不等待上司判斷就恣意妄為的下屬也沒好到哪裡去。我們很難區分一個人到底是靠自己的判斷行事，還是只是恣意妄為。

優秀的人才就算靠自己的判斷行事，也會在關鍵處向上司確認，跟周圍的人報告進度等，不會擾亂團隊的腳步。

對於既不確認也不報告進度，有一天突然說「我和A公司簽約了」，害周圍的人手忙腳亂的人，就試著運用深挖原因法吧。

上司「為什麼事前沒跟我討論呢？」

下屬「你不是老說『要自己判斷，付諸行動』嗎？」

上司「我的確常常這麼說。如果因此讓你誤會了，我很抱歉。不過我的想法是不需要大小事通通來跟我確認，但關鍵重點還是希望你來跟我討論。」

下屬「話是這麼說，可是我不知道哪裡是關鍵重點。」

上司「為什麼不知道呢？」

下屬「為什麼？……每個人認為的重點都不一樣啊！」

上司「這倒是真的。那對你來說，重點在哪裡？」

下屬「像是簽約前夕等。」

上司「那真的是重點。可是這次為什麼你沒在簽約前夕來跟我討論呢？」

下屬「我有點急……」

上司「你急什麼呢？」
下屬「因為同期的山田已經簽約了……」
上司「你很在意山田的業績喔。我懂你的心情，可是急著簽約風險很高，我覺得還是要小心一點比較好。」
下屬「我知道了……」

如此這般重複問「WHY」和「HOW」，就可以找出深層原因。

這種情況或許只要說一句「下次簽約前要來跟我討論一下」就好，可是這樣可能招致反彈，「你平常不是叫我們要自己思考付諸行動嗎？」

而且承認自己的指示不夠明確，請對方思考下次修正的方法，也是他自己判斷後付諸行動的一環。

雖然要花一點時間，可是用深挖原因法追根究柢，應該比較能減少下屬恣意妄為。而且此時如果應對方法錯誤，還會增加沒有口令就不動作的下屬。

深挖原因法實踐範例2

「沒有自信的下屬」

旁人看來明明做得很好，自己卻覺得自己做得很差。這種年輕人相當多。特別是現在很多年輕人都看輕自己，就算周圍的人覺得新人本就不可能什麼都會，他本人還是會陷入絕望，好像世界末日來臨了一樣。

對於這種人，最理想的做法就是立刻伸出援手。**因為性格太過認真而容易鑽牛角尖，只要能讓他有自信，他的表現可能瞬間判若兩人。**

我也看過許多這種例子。一開始沒自信又不安，讓人不禁擔心「真的沒問題嗎？」的年輕人，因為上司和周圍的人有耐心地支持，最後變得開朗又活躍。

如果你身邊有這種沒有自信的下屬，就先問問他自己覺得哪裡不行。

「你為什麼覺得很難呢？」

「為什麼覺得棘手呢？」

用這種活用「WHY」和「HOW」的問題，探究哪個部分有問題。

如果下屬回答「對業務話術沒有自信」的話，就再進一步深入探究。

「為什麼覺得自己的業務話術不行呢？」

「如果是因為對商品不熟悉而沒有自信，你覺得該怎麼做才好？」

「為什麼擠不出時間學習呢？」

如此這般重複「為什麼」、「為何」的提問，找出深層原因。

這麼一來或許就可以發現下屬之所以對業務話術沒有自信，是因為他雖然想學習商品知識，卻老想著等一下就看，最後對這樣的自己感到厭煩。甚至下屬也可能因為不太喜歡商品，所以老提不起勁兒學習。

知道真正的原因，才能去思考如何解決，找出根本解決的對策。

POINT

對付老犯錯的人適合用「深挖原因法」。

⑤ 幹勁開關發現法

對於沒有幹勁士氣低落的下屬，「幹勁開關發現法」很有效。

每個人喪失幹勁、士氣低落的原因各不相同。

但通常共通的原因都是有所不滿或不爽。

不爽或不滿的原因到底是因為薪水太少、人際關係不佳，還是身體不舒服等，就利用前面說明的深挖原因法來追根究柢。

之後再運用幹勁開關發現法，重振對方的幹勁和士氣。

幹勁開關發現法的目的

光是開口激勵「再多拿出點幹勁來」、「再多努力一下一定可以的」，並無法提升幹勁和士氣。

五大技術中最聚焦情感面的提問，就是幹勁開關發現法。

不論是要提高工作生產力或加快速度，幹勁士氣等情感面的因素都有很大的影響力。幹勁開關發現法就是開啟幹勁士氣的開關，重新啟動引擎的方法。

每個人的幹勁士氣來源不同。有些人可能是金錢，有些人可能是績效，也有些人可能是工作價值或別人的評價。

找出幹勁的來源並讓上司和下屬共享，當下屬沒有精神時就知道該如何因應。

重要的是不論在什麼情況下，都不能否定對方。這並不是說只能一個勁兒地稱讚對方，而是要理解並認同他的想法。當你脫口而出「我覺得工作價值其實不只有金錢耶」的時候，對方就已經大力關上心中那扇溝通的大門了。

幹勁開關發現法基本提問方法

幹勁開關發現法並沒有最好一定要用的字彙。

提出回歸初心和本質的問題、設定新目標、讓已完成的工作或風險可視化等，讓對方自己重新發現動機所在，而非仰賴他人提供動機。請根據以下四種效果區分使用。

（1）回歸初心

讓對方想像一下會讓他興奮的事，或曾經歷過的快樂瞬間，找出能讓情緒高漲的方法。運用回歸初心和本質的表現手法，說不定可以讓對方重拾早已遺忘的想法。

〈問題例〉
「在這家公司第一次的成功經驗是什麼？」
「這個工作讓你最開心的事是什麼？」
「原本你想在這家公司實現什麼？」

（2）放眼未來

對於失去自信、看輕自己的下屬，就讓他放眼未來，積極向前。
也可以把話題帶向建立新目標。

〈問題例〉
「這個工作對你的未來可以有什麼幫助？」
「為了追求成長，現在的工作中你必須克服什麼？」
「完成那件工作後，你希望得到什麼樣的嘉獎？」

（3）專注在「已經做到的事」

同理可證，對於喪失自信害怕起而行的下屬，就讓他重新認識他已經做到的事。

只要能利用提問將「已經做到的事可視化」，就可以讓自以為什麼都做不好的人發現自己其實也不是那麼沒用，還是有做得到的地方，士氣可望因此萌芽。與其從上司口中聽到「你其實可以做到這麼多」，不如讓本人自己發現，這樣他也會更高興。

〈問題例〉
「工作時不靠上司和前輩，自己可以控制好的地方是什麼？」
「你的巧思是什麼？」
「雖然沒有經驗，還是可以做好的事是什麼？」

(4)使用減輕不安的表現

當對方失去自我，害怕挑戰新事物時，就助他一臂之力減輕不安吧。

〈問題例〉
「因為嘗試而帶來的風險中，最可能發生的風險是什麼？」
「給你什麼樣的支援，可以消除你對工作的不安？」

幹勁開關發現法實踐範例1 「苦於無法成長的下屬」

工作雖然做出一定成果，卻無法突破。
要協助這種下屬突破，幹勁開關發現法就是很有效的方法。
例如業績一直排名第四，老是無法進入前三名，甚至連第四名都岌岌可危時。
「你明明有能力進入前三名，為什麼會這樣呢？」

這樣問只會打擊對方的士氣。因為他本人也很想改變這種狀況，卻苦於無法突破。

此時要先利用提問，讓他的注意力轉移到他已經做到的事。

「你之所以可以長期排名第四的原因是？」

如果對方因為自己能力不夠而沮喪，就可以協助他發現一直排名第四是一件了不起的事。只要知道現在的自己其實也有不錯的地方，應該就可以拿出勇氣再踏出一步。

我也建議大家進一步詢問較大的問題：

「這項工作可以給你什麼無可取代的收穫？」

這個問題問的是對方的價值觀。

有些人會因為對其他人有貢獻，如看到顧客開心、幫上忙等，而感受到自己的價值。也有些人看到具體數字才覺得有價值。

重點不在於哪種想法正確，而在於了解對方的價值觀。

如果下屬回答「我想是可以認識許多人」，就可以想像他不會過度執著於業績結果。可是他卻處於必須競爭業績的環境中，可能因此影響士氣。

為了問出下屬真正的想法，要反覆詢問：

「認識許多人的收穫是什麼？」

「為了得到更多收穫，要做些什麼才好呢？」

如果最後下屬本人能說出「為了加強人與人之間的關係，我想更重視現有顧客」，這就是提升士氣的方法。

之後如果下屬期待的事能獲得實現，他或許就可以恢復幹勁，並反應在業績數字上。

利用幹勁開關發現法了解對方的價值觀之後，未來也可以持續運用，以維持下屬的幹勁和士氣。

了解對方的價值觀也有助於判斷應該給他什麼工作，如「他很重視人與人之間的關係，如果讓他去指導後進，他應該會覺得做起來很有意義」等。

只要覺得自己在做有意義的事，人就會發揮超乎想像的能力。

或許有人覺得了解對方的價值觀、理想甚或是不安和情緒，和生產力無關，其

實這有助於強化雙方之間的互信。

不受上司信賴的下屬，當然無法提高生產力。

幹勁開關發現法實踐範例2「突然失速的新進員工」

一開始衝勁十足，但面對現實後卻突然退縮提不起勁來的新進員工，我想並不少。這也就是所謂的五月病（譯注）。

對這種新進員工說「這個社會就是這樣，沒那麼好混」等，只會讓他的士氣更低落。

因此當新進員工吐露不滿，如「這份工作不適合我」、「都不讓我做自己想做的事」時，就立刻啟動開關吧。

如果員工感嘆工作不適合自己時，就可以問他：「這份工作不適合現在的你，如果是未來的你呢？」

透過提問讓他知道這份工作只是不適合現在的他，而非永遠都不適合他。下屬當然可能反駁，「就因為現在不適合，我才會煩惱啊」。可是未來就不知道了。只要能讓下屬發現這一點，這就是一個有效的提問。

甚至還可以進一步追問，讓下屬把眼光放遠。

「這份工作對你的將來有什麼助益？」

原則上沒有一件工作是沒有任何意義的，一定都有影響未來的要素存在。如果能自己找出這個要素，面對工作的態度自然有所不同。

此外對於不滿「都不讓我做自己想做的事」的下屬，就可以用更敏銳的提問，如「為了更上一層樓，目前的工作必須克服什麼？」，讓原本只看得到眼前的下屬放眼未來。

這種提問是在要更上一層樓的前提下，問下屬目前的工作應該做什麼，可以打

譯注：日本的社會新鮮人四月充滿期待地進入職場後，因無法適應而焦慮，且因現實與期待的落差而產生壓力，失去工作和學習的意願，因而有了五月病的說法。

破他執著在自己想做的事情的思考框架。

當然你也可以問下屬：「你想做的事是什麼？」可是這種問題反而會讓下屬再次正視到「現在不能做自己想做的事的現實」，不太能讓下屬提起勁來。

現實生活中不能讓下屬做他自己想做的事，可說是常態，所以打破執著的框架，他本人也比較輕鬆，應該也可以有更寬闊的視野。

突然失速的新進員工就是原本充滿幹勁的員工，所以還值得期待。

請在下屬完全腐化之前，盡早利用「加油提問」，重振他的工作意願吧。

POINT

讓他自己再次發現，而非給他工作動機。

第5章

激勵自己的提問——「自我教練」

史蒂芬．賈伯斯也採用的「自我教練」

到目前為止，本書都在說明提振下屬士氣的方法。

不過有一件很重要的事被我遺忘了。

這件事就是要提振下屬士氣之前，首先要先讓自己士氣滿滿。

人是情感的生物。心情會影響一個人看世界、看人、看事物的方法。而且這種情緒還會感染周圍的人。

有人可能怎麼努力都無法接受、認可某位下屬。這種時候問題其實不在下屬身上，大多是自己的問題。

此時就必須透過自我教練，先為自己加油打氣。

做法就是換位思考，站在下屬的立場，對自己提出「加油提問」：

「下屬對我的期待是什麼？」
「假設我是下屬，會希望上司怎麼做？」
「如果我是自己的下屬，可以成長嗎？」

不知道大家的回答是什麼？

「下屬大概期待我發揮領導力，但我不知道自己有沒有這種能力？」
「我自己都不想在自己手下工作。下指示的方式很糟，而且永遠焦躁不安。」

大家應該可以藉此看清自己的不足吧。

無法認可下屬時，想想他的感受及他對上司的期望，就可以正視自己必須改變的事實。

如果希望下屬勇於挑戰，就想想去年你的挑戰到底有多難。如果當時你自己沒有太失敗，下屬當然也不會失敗。

本章要談的就是自己需要的「加油提問」。

靠著自問自答解決問題、提升幹勁的方法，就稱為「自我教練法」。

據說賈伯斯每天早上一定會照鏡子，並問自己：「如果今天是人生最後一天，今天打算做的事，真的是自己想做的事嗎？」這也是自我教練。

一天的開始、結束，遇上瓶頸時，遇到討厭的事或高興的事時，請自己捫心自問。

真誠面對自己，應該就可以看到以前沒發現的真實想法吧。

改變自己的意識，也有助於成為「自己想要的樣子」。

自問自答可以在心裡問，我也建議大家把答案寫下來。寫在紙上可以讓問題可視化。

自我教練時有些問題可以立刻作答，當然也有些問題無法立刻找到答案。**原則**

上重點就是一直提問，直到有答案為止。

如果你看到某位下屬就煩，就利用自我教練提問挖掘原因。

「為什麼我看到他就煩呢？」
「因為我討厭他嗎？我為什麼討厭他呢？」
「我不喜歡他的什麼態度呢？」

或許問到最後會發現答案是「因為他不聽我的意見，讓我有被拒絕、受傷的感覺」，其實就是不想讓自己受傷。

重要的是把自己心中真正的答案化為言詞。光是這麼做，常常心情就出乎意料地暢快了。

不這麼做，腦中就一直會重複播放下屬的行動，「那個時候如果這麼說就好了！」不停地後悔。這會讓自己的意識一直繞著問題打轉，只是讓自己一直痛苦而已。

要讓自己心情放鬆，就要不停地追根究柢找出答案。放鬆心情也是提高生產力的要件之一。

許多人都對自己內心的聲音充耳不聞。對自己不誠實，欺騙自己，當然不會被人接受，工作也提不起勁來。

可以的話請大家務必試試自我教練，即使是每天短短的五分鐘也好。

POINT

每天五分鐘自問自答自我教練。

如何回饋？

我的顧客中有人會在每週末回顧當週表現，並反應到下週應該做什麼才好。

「本週是怎樣的一週呢？」
「時間浪費在什麼上面了？」
「如果下次再來一次，怎麼做得更好？」
「下週有什麼重要會議？」
「所以應該做些什麼準備？」

如此確認工作的優先順序，考慮用什麼時程來推進。這麼一來週一上午就可以很有效率，不浪費時間地開始工作。

同時他也會把眼光放遠，思考自己應該做的事。

「今年下半年應該做的兩件事是什麼？」

「所以應該停止做什麼呢？」

一般人大都只會思考應該做的事，其實配套思考應該停止做的事，也是有效的反應回饋。

管理大師彼得·杜拉克也曾經這麼說：

「簡單且最有效地提升知識勞動生產力的方法，就是重新定義工作。特別是不再做沒有必要的工作。」（《杜拉克精選：個人篇》（*The Essential Drucker on Individual*）天下文化）

為了提升成果而勇於「停止」，有時也是必經之路。

此時重點就是要進行正向積極的「加油提問」。

「本週的商談花了不少時間，卻未能順利簽約。對付那位優柔寡斷的顧客，怎麼做才能讓他做出決定呢？」

用這種滿滿正向要素的「加油提問」，進入嘟囔模式。

「本週商談為什麼不能順利簽約？」

「怎麼做才能說服顧客？」

像這樣把負面情緒切割開來，即使是一樣的問題，也會變成「加油提問」。

POINT

勇於「停止」也很重要。不過當下請對自己進行「加油提問」。

成果不盡如人意時怎麼辦？

我想大家都有明明很努力也沒有便宜行事，卻得不到好結果的經驗吧。這種時候一般人會焦躁不安，覺得「我太背了」、「反正我做什麼都不行」，很想就這樣算了吧。

不論多優秀的職棒選手，打擊率頂多也是三～四成。這也就表示打不到的機率是六～七成。

就算連續打出十支安打，之後也可能連續十二次打擊都打不到球，甚至還有受傷退賽的可能。

在這種做什麼都不順的時期，請用「加油提問」自我教練。

「過了這一關對今後的人生會有什麼樣的正面助益？」

「要翻轉逆境，讓逆境成為自己最大的助益，該怎麼做才好？」

「這個經驗會帶來什麼幫助？」

這些都是放眼未來的提問。

當陷入自己運氣不好等負面思考時，深挖原因問自己：「什麼原因造成現在的結果呢？」

除非你的心理素質夠堅強，否則這麼做只會讓自己更加沮喪。

首先先用第三章介紹的向上歸類法，描繪出一個充滿願景的未來，我想這樣可以讓自己的心態更為積極，產生突破逆境的想法。

用我的經驗法則來看，只要抱持著總會有辦法的心態，大多數狀況就真的會有辦法。

為了提振自己的士氣，就先想想突破逆境後未來的自己會是什麼樣的人吧。

藝人明石家為女兒命名「IMARU」，寓意就是「活著就是賺到」。只要常抱持著「活著就是賺到」的心態，應該就可以戰勝所有困難。

POINT

低潮時更要用「加油提問」自我教練。

工作公式化時怎麼辦？

越資深的人越容易依賴經驗行事，就很容易公式化。

之所以變得千篇一律，就是因為不用太努力也能完成工作，這樣很輕鬆。

如果不能在「好像懶懶地提不起勁來」的階段就採取對策，甚至可能再也無法振作起來。

為了不再千篇一律，大家常說的是「回歸原點」。

可是就算記得當時的狀況，卻很難重現當時的心情。

我指導年輕人或新進員工時，偶爾會因受到刺激而回歸原點。

要讓自己回歸原點，可對自己進行「加油提問」。

「第一次的成功經驗是？」
「目前為止的工作中，最高興的是？」

利用幹勁開關發現法讓自己回歸原點。
除此之外，還可以用可提振自己士氣的價值觀來提問。
舉例來說，如果價值觀是助人讓自己有幹勁，就可以提出以下問題：

「怎麼做才能讓隊友高興、幫助隊友？」
「如果是自己最尊敬的人（領導者），會做出什麼判斷（行動）？」

如果價值觀是要讓顧客幸福，就可以用以下問題：

「如果顧客高興，自己要做出什麼反應才好？」

或者是用促進新變化的提問，重設心情：

「為什麼覺得這項工作不值得做？」

「要把危機化為轉機，該怎麼做？」

POINT

要回歸原點，就對自己用幹勁開關發現法。

提不起勁來時怎麼辦？

提不起勁來的原因很多，如業績目標太高、人際關係不佳、不是自己想做的事等等。

心理學家阿德勒（Alfred Adler）說，「沒有幹勁是因為自己決定不要幹勁」。也就是自己為自己設限的意思。

就算別人說「拿出幹勁來」，自己也提不起勁；可是只要去除束縛住自己的東西，應該就可以提起勁了。

怎麼做都無法啟動幹勁開關時，就用「加油提問」強制開啟開關。

第一步就是用深挖原因法，找出束縛住自己的東西。

之後再用幹勁開關發現法提問：

「你真的有把它當回事兒嗎？」

「如果現在不是認真的，什麼時候才會認真？」

「如果滿分是一百分，現在你的認真程度有幾分？」

這麼追究自己認真的程度，就可以啟動引擎。

「不，我沒有認真做。」

「現在必須認真做才行。」

花式滑冰的羽生結弦選手受訪時曾說踏上冰面時，會大聲對自己說「我可以，我可以，我可以」，然後才開始表演。

這種對自己積極宣誓的做法，就稱為「自我肯定」（Affirmation）。

提不起勁來時，大聲提醒自己，也是啟動開關的一種方法。

此外失去自信而提不起勁來時，也可以利用以下問題找出自信的泉源：

「要讓自己下定決心絕對要達成，必要條件是什麼？」
「怎麼做才可以增加貫徹到底的自信？」
或者也可以試著朝讚美自己的方向提問，這也是找出幹勁的方法之一。
「收到誰的鼓勵會讓自己提起勁來？」
「要讓三年後的自己讚美現在的自己，必要條件是什麼？」

POINT

用自我肯定強制自己提起勁來。

慘敗時怎麼辦？

慘敗時沒人能保持平常心，都會陷入負面情緒。

善後結束就暫時別去想失敗的事，先做其他事吧。時間就是最好的解藥。

等到心情平靜下來，再對自己進行自我教練。

慘敗時你會如何面對自己的內心呢？

「我為什麼會遭遇那樣的失敗？」

「是不是有其他方法可以做得更好？」

「如果選其他方法，結果會不會不同？」

我想大家可能會問自己這些問題。

這種責備自己的問題不僅不能提振士氣，反而會讓自己更沮喪。最終只會自怨自艾，「為什麼我老是碰上這種事？」

回饋很重要，但對失敗一事追根究柢會造成嚴重的心理負擔。

此時「加油提問」就可以發揮功能。

用幹勁開關發現法讓自己的焦點放在做得好的地方，如「做得好的地方是哪裡？」，或者用「下次要成功該怎做才好？」等問題，讓自己聚焦未來，提振士氣。

POINT

讓時間沉澱心情，然後再自我教練。

覺得「現在的工作不適合我」時怎麼辦？

下屬不聽指揮、團隊老是做不出成果時，一般人都會產生自己不適合當領導人的想法，甚至想放棄吧。

這就像是把自己困在自以為是的框架中。要打破這個框架，請試著運用「加油提問」。

「為什麼覺得自己不適合當領導人？」

「自己自以為什麼事不可能？」

「自己自以為什麼事是可能的？」
「還可以有什麼其他想法？」

運用深挖原因法和假設突破法，不知不覺中就打破了自以為是的框架。

一般來說自己永遠是那個最不認可自己的人。

要找出不適合當領導人的理由，那真是族繁不及備載。如膽小、無法團結大家、不會指揮等等。

找出理由後，再問自己「是不是自以為是？」，慢慢改變自己看事情的方法，「自己這麼想，說不定只是自己鑽牛角尖」。

經過這些過程，接受自己雖然不是完美的領導者，但也努力要成為領導者之後，心情自然會變得輕鬆許多。

等到打破「我不適合當領導人」這個自以為是的框架後，再試著自問以下問題：

「自己真正需要的是什麼？」

可能是某人的協助，也可能是指導下屬的時間。只要能為了自己的需要起而行，我想就能找回自信。

說穿了原本就沒有為自己量身打造的工作。必須調整自己去配合工作，這就是現實。

丟出辭呈前先自我教練，從現在的工作可以得到什麼？可以如何成長？這樣才有助於自己邁入下一個階段。

POINT

用深挖原因法和假設突破法破除自以為是的框架。

肩負重任卻感到不安時怎麼辦？

越資深工作責任越重。

有時被交辦可能左右公司未來的重要專案時，甚至會覺得快要被不安的情緒和壓力壓垮了吧。

「萬一失敗了……」

「我不能忍受被下屬看笑話。」

「如果部長給我負評，我說不定會被降級調職。」

當腦海中充斥著這些負面思考時，就先深呼吸一下，並問問自己以下問題吧：

「怎麼做才能消除不安的情緒？」

「如果不會不安，自己可以做什麼？」

「做不到的理由是什麼？」

「不做的風險有多高？」

「之後會有多後悔？」

此時把這些問題的答案寫在紙上，就可以整理自己的思緒。

大家可能會以為面對不安，會讓自己更為不安。

可是只要能找出讓自己不安的原因，就可以轉換思考，「如何才能消除讓自己不安的原因？」

如果擔心專案失敗，就試著想想自己為什麼覺得會失敗。這麼一來就可以找出讓自己不安的真正原因，可能是擔心「不知當天一切是否能照自己的計劃，按部就班地進行？」

如果是這個原因，重新檢視時程讓一切可以照安排進行，或多次預演，就可以消除讓自己不安的因素。
　或者是試著給自己大方向的問題：

「做到什麼自己就會覺得幸福？」
「對自己來說，最重要的東西是什麼？」
「如何解決很明確的問題？」

這樣應該可以減少不安。
不安時更不能畏懼，要正視自己的心，說不定還能因此發現前所未見的自己。

POINT

試著把不安寫下來。

團隊氣氛低迷時怎麼辦？

以下是一個已經讓人不想去公司的情景。

我在英特爾時，也曾把團隊氣氛搞得一團糟，可是當時我卻一直以為是下屬有問題。

後來在人事部門的協助下學習教練後，有一天我突然冒出這種想法：

「問題是不是出在我自己身上？」

「我是不是給下屬太大的壓力了？」

於是我試著換位思考，把下屬對團隊沒有任何貢獻的想法中的主詞替換成自己：

「我對這個團隊到底有什麼貢獻？」

「我為什麼不認真改善團隊氣氛？」

用深挖原因法對自己提問後，終於得到只要自己改變，團隊氣氛也會改變的答案。

所以我開始發掘並讚美下屬做得好的地方，下班後和下屬一起去喝一杯，也會關心下屬私下的興趣、價值觀等私人話題。

雖然是一些不足掛齒的變化，但改變自己的行動後，團隊氣氛真的變好了。

一般人遇到團隊氣氛不佳時，都深信問題出在別人身上，還會自以為是地找出犯人「就是他破壞了團隊和諧！」

就算真有這種破壞團隊和諧的下屬，上司是否包容這種異類下屬，也會讓團隊氣氛大為不同。

請大家記住，團隊和下屬就是反映自己行動的一面鏡子。

不能抱持著自己雖然有錯，但下屬也有錯的想法。

要認為百分之百錯在自己身上，這麼一來自然能包容下屬。

要發現這一點，請大家試著用「加油提問」，從自己開始改變。

POINT

認為百分之百錯在自己身上，氣氛就會大為不同。

結語

感謝大家耐心讀完本書。

我期待讀者們讀了本書後，可以找出改變自己想法、行動的方法，提高生產力。

我的上班族生涯剛好遇上經濟高度成長時代，當時我以為要做出成果，最好的方法就是上司用力指示、下命令。然而最近看到體育界爆出許多職權騷擾事件，一流企業也傳出竄改、偽造醜聞，年輕人提早退休等，讓我覺得奠基於競爭和恐懼的昭和管理模式（由上而下、統一指示、不能違抗上司的氛圍）終於即將解體。

因應員工個性越來越多元，理解每個人內在動機，有助於提高生產力。

因此我認為最有效的方式，就是能讓自己和對方都有深入發現，並連結到行動的「加油提問」，以及為加油提問助威的「教練」。

用「加油提問」發現眼前待辦事項中最重要的事，透過自己可以做到的事給自己自信，有系統、有結構地成長。

今後將有越來越多的企業，有支援這種成長的教練需求。在這個信念下，我因此決定執筆撰寫本書。

由美國四大科技企業GAFA（Google、Apple、Facebook、Amazon）成長為全球巨擘的例子可知，沒有人可以預知未來的主流。

所以我認為是否能敞開心房，樂在「直接問問別人」、「覺得不對時就試著用其他方法行動」，將越來越重要。

本書提及的案例與提問模式，都是根據我在實際的企業研習、大學講課、新創企業的教練課程中，直接和數千人對話的經驗彙整而成。

受限於篇幅，在此我只能向大家介紹對我幫助特別大的幾位貴人。

首先是Business Coach株式會社細川社長、橋場副社長，兩位提供我許多珍貴的講座講師與教練的機會。

而跡見學園女子大學管理學部高橋教授、筑波大學全球教育院培力情報學學程濱川教授兩位，則給我機會對學生授課，獲得年輕人對理想溝通形態的貴重回饋。

新創企業株式會社Hitokuse宮崎社長、株式會社manebi田島社長自創業起，就持續讓我和全體員工面談，至今已超過五年。我因此得以深入了解現今年輕員工的實際狀況，以及對自己職涯的理想與困擾。

我也要感謝協助出版本書的Kizuna出版社小寺主編。

此外，如果沒有從上一本拙作就開始與我一起奮戰的Apple Seed Agency宮原先生，與協助編輯的大畠先生，本書也無法順利問世。針對內容我們三人提出了各式各樣的想法，宮原先生和大畠先生對內容的知性與專業的執著，令我敬佩不已。

最後當然要衷心感謝內人千春從我在聯合國、英特爾任職時代，一直到獨立創業，都無怨無悔地一路相隨與支持。

同時我也衷心感謝選讀本書的讀者們。
真的非常感謝大家。

板越正彥

國家圖書館出版品預行編目(CIP)資料

關鍵提問: 英特爾全球前0.5%菁英的終極提問術！/板越正彥著；李貞慧譯.
-- 初版. -- 臺北市：商周出版：英屬蓋曼群島商家庭傳媒股份有限公司城邦分公司發行, 民110.01
224面；14.8×21公分. -- (ideaman ; 125)
譯自：仕事が変わる!「アゲる」質問
ISBN 978-986-477-960-4(平裝)

1.職場成功法 2.說話藝術 3.溝通技巧

494.35 109017979

ideaman 125

關鍵提問

英特爾全球前0.5%菁英的終極提問術！

原著書名／仕事が変わる!「アゲる」質問
原出版社／Kizuna出版
作者／板越正彥
譯者／李貞慧
企劃選書／劉枚瑛
責任編輯／劉枚瑛

版權部／黃淑敏、邱珮芸、吳亭儀、劉鎔慈
行銷業務／黃崇華、賴晏汝、周佑潔、張媖茜
總編輯／何宜珍
總經理／彭之琬
事業群總經理／黃淑貞
發行人／何飛鵬
法律顧問／元禾法律事務所 王子文律師
出版／商周出版
台北市104中山區民生東路二段141號9樓
電話：(02) 2500-7008 傳真：(02) 2500-7759
E-mail：bwp.service@cite.com.tw
Blog：http://bwp25007008.pixnet.net./blog
發行／英屬蓋曼群島商家庭傳媒股份有限公司城邦分公司
台北市104中山區民生東路二段141號2樓
書虫客服專線：(02)2500-7718、(02) 2500-7719
服務時間：週一至週五上午09:30-12:00；下午13:30-17:00
24小時傳真專線：(02) 2500-1990；(02) 2500-1991
劃撥帳號：19863813 戶名：書虫股份有限公司
讀者服務信箱：service@readingclub.com.tw
城邦讀書花園：www.cite.com.tw
香港發行所／城邦(香港)出版群組有限公司
香港灣仔駱克道193號超商業中心1樓
電話：(852) 25086231傳真：(852) 25789337
E-mailL：hkcite@biznetvigator.com
馬新發行所／城邦(馬新)出版群組【Cité (M) Sdn. Bhd】
41, Jalan Radin Anum, Bandar Baru Sri Petaling,
57000 Kuala Lumpur, Malaysia.
電話：(603)90578822 傳真：(603)90576622
E-mail：cite@cite.com.my

美術設計／簡至成
印刷／卡樂彩色製版印刷有限公司
經銷商／聯合發行股份有限公司
電話：(02)2917-8022 傳真：(02)2911-0053

■2021年（民110）1月5日初版
定價／350元

Printed in Taiwan

城邦讀書花園
www.cite.com.tw

ISBN 978-986-477-960-4

商周出版

廣　告　回　函
北區郵政管理登記證
台北廣字第 000791 號
郵資已付，免貼郵票

104 台北市民生東路二段 141 號 B1

英屬蓋曼群島商家庭傳媒股份有限公司

城邦分公司

請沿虛線對摺，謝謝！

商周出版

書號：BI7125　書名：關鍵提問　　編碼：

商周出版

讀者回函卡

謝謝您購買我們出版的書籍！請費心填寫此回函卡，我們將不定期寄上城邦集團最新的出版訊息。

姓名：＿＿＿＿＿＿＿＿＿＿ 性別：□男 □女

生日：西元＿＿＿＿年＿＿＿＿月＿＿＿＿日

地址：＿＿＿＿＿＿＿＿＿＿

聯絡電話：＿＿＿＿＿＿ 傳真：＿＿＿＿＿＿

E-mail：＿＿＿＿＿＿＿＿＿＿

學歷：□ 1. 小學 □ 2. 國中 □ 3. 高中 □ 4. 大專 □ 5. 研究所以上

職業：□ 1. 學生 □ 2. 軍公教 □ 3. 服務 □ 4. 金融 □ 5. 製造 □ 6. 資訊

□ 7. 傳播 □ 8. 自由業 □ 9. 農漁牧 □ 10. 家管 □ 11. 退休

□ 12. 其他＿＿＿＿＿＿

您從何種方式得知本書消息？

□ 1. 書店 □ 2. 網路 □ 3. 報紙 □ 4. 雜誌 □ 5. 廣播 □ 6. 電視

□ 7. 親友推薦 □ 8. 其他＿＿＿＿＿＿

您通常以何種方式購書？

□ 1. 書店 □ 2. 網路 □ 3. 傳真訂購 □ 4. 郵局劃撥 □ 5. 其他＿＿

對我們的建議：＿＿＿＿＿＿＿＿＿＿

＿＿＿＿＿＿＿＿＿＿

＿＿＿＿＿＿＿＿＿＿

＿＿＿＿＿＿＿＿＿＿

＿＿＿＿＿＿＿＿＿＿

＿＿＿＿＿＿＿＿＿＿

【為提供訂購、行銷、客戶管理或其他合於營業登記項目或章程所定業務之目的，城邦出版人集團（即英屬蓋曼群島商家庭傳媒（股）公司城邦分公司、城邦文化事業（股）公司），於本集團之營運期間及地區內，將以電郵、傳真、電話、簡訊、郵寄或其他公告方式利用您提供之資料（資料類別：C001、C002、C003、C011等）。利用對象除本集團外，亦可能包括相關服務的協力機構。如您有依個資法第三條或其他需服務之處，得致電本公司客服中心電話02-25007718請求協助。相關資料如為非必要項目，不提供亦不影響您的權益。】

1. C001 辨識個人者：如消費者之姓名、地址、電話、電子郵件等資訊。
2. C002 辨識財務者：如信 用卡或轉帳帳戶資訊。
3. C003 政府資料中之辨識者：如身份證字號或護照號碼（外國人）。
4. C011 個人描述：如性別、國籍、出生年月日。

請於此處用膠水黏貼

Idea man

Ideaman

Ideaman